记忆宫殿

一本书快速提升记忆力

宁梓亦 著

中国纺织出版社

内 容 提 要

本书向读者介绍了全世界记忆高手都在用的记忆方法：记忆宫殿，掌握记忆宫殿可以长久记忆海量的数字和文字资料。学习记忆宫殿并不难，作者从视觉图像是高效记忆法的基础谈起，引导读者转变记忆模式，提高想象和联结的能力，掌握数字编码系统，结合书中提供的大量的实践练习，建立属于自己的记忆宫殿，从而轻松记忆学科知识、职业技能和生活细节。对于应用记忆术遇到的困惑，作者也提供了特别的见解。

图书在版编目（CIP）数据

记忆宫殿：一本书快速提升记忆力／宁梓亦著．
—北京：中国纺织出版社，2018.2（2025.7重印）
　ISBN 978-7-5180-4388-0

Ⅰ.①记… Ⅱ.①宁… Ⅲ.①记忆术 Ⅳ.①B842.3

中国版本图书馆CIP数据核字（2017）第295591号

策划编辑：郝珊珊　　责任印制：储志伟

中国纺织出版社出版发行
地址：北京市朝阳区百子湾东里A407号楼　邮政编码：100124
销售电话：010-67004422　传真：010-87155801
http：//www.c-textilep.com
E-mail：faxing@c-textilep.com
中国纺织出版社天猫旗舰店
官方微博http://weibo.com/2119887771
天津千鹤文化传播有限公司印刷　　各地新华书店经销
2018年2月第1版　2025年7月第25次印刷
开本：710×1000　1/16　印张：15
字数：141千字　定价：39.80元

目 录

记忆宫殿：
一本书快速提升记忆力

creative activities work
project mission success social vision team

第一章

关于记忆宫殿

第一节　记忆宫殿的起源

现在热播的剧《神探夏洛克》大家应该都有看过。夏洛克过人的记忆力与超强的分析力令人折服。剧中提到夏洛克的脑袋里有个记忆宫殿，这个记忆宫殿里存储了很多知识，就像是超级数据库。曾有科学家保守估计人脑的容量有一百万亿比特，这究竟有多大？他可以装下全世界所有图书馆的藏书内容。

那么什么是记忆宫殿？记忆宫殿的由来是什么？怎么构建宫殿呢？带着这些疑问我们一起去探索一下。

记忆宫殿来自西方，由西摩·尼得斯发明，至今约2500多年历史。西方世界很多名人都会使用记忆宫殿，如西塞罗、培根、昆体良、卢利、利玛窦、布鲁诺、薄塔、莱布尼茨、毕挪斯基、桑布鲁克、马克吐温、卡耐基、福斯特、习格比，这里面有一部分人我们很熟悉，但是他们会记忆宫殿的事却没多少人知道，将这种方法隐藏起来度过一生的名人则更多。

记忆术是学习修辞学的一个重要阶段，在古希腊罗马时代，教学生修辞学的老师要先教会他们如何记忆信息。那个时候没有纸张，凡事都要记在脑子里才行。如今纸张到处都是，你只需要花20块钱就能买到500张A4白纸来记录信息，而古希腊人要花大量金钱才能买到一张普通的羊皮纸记录信息。因此他们想记住演说，就得用记忆术记住稿子。正因如此，记忆宫殿才作为修辞学的基础被传承了下来。

人的记忆分为"自然记忆"和"人工记忆"两部分，自然记忆就是天生的记忆能力，大多数人的"自然记忆"都十分平庸，人工记忆就是通过构建记忆宫殿和记忆系统来辅助自己记忆信息，是正常人都可以通过学习和训练获得的一种能力。

欧洲人把抽象文字变换成图像称之为"表象"，然后将表象按照顺序放入地点"位置"之中。你需要记忆的信息量越大，需要的地点位置就越多。

后世之中记忆宫殿的影响超过了修辞学，而修辞学渐渐变成了演讲或者写作技巧，所以写作、表达和记忆宫殿是密不可分的。

宫殿记忆法是被中世纪的一个传教士传到中国的一种快速记忆方法。这个传教士叫利玛窦，他从西方来到东方，仅用了半年的时间，就将外国人公认的最难学的中文学会了，并且用中文写了一本教人如何能过目不忘的书《西国记法》，近几年来涌现的记忆宫殿培训都是以利玛窦的这部著作作为基石发展而来。

第二节　记忆宫殿的原理

记忆宫殿的记忆原理是利用人类的内视觉记忆，我们的外视觉是我们肉眼可以看到的真实世界，而内视觉是通过想象在脑海中看到的虚幻画面。因为我们的右脑掌管图像记忆，科学家研究称：人的图像记忆能力是抽象记忆能力的一百万倍，所以使用内视觉来想象虚拟画面就构成了快速高效记忆。记忆宫殿是开发内视觉全脑记忆能力的钥匙，可以帮助我们开启图像记忆的大门。

人的大脑最容易记住联系和图像，当我们看一场电影的时候，电影的剧情有一个前因后果的逻辑链，所以我们很容易记住剧情，但是我们却很难记住孤立的连续信息（如下举例），所以如果我们希望高效记忆什么抽象的信息，就必须将它们加工成为有逻辑关系的图像以便于我们快速记忆它们。

用记忆宫殿记忆的过程中，会把长篇的材料处理成小块进行记忆，这样既减轻了记忆负载量又便于顺序和回忆，以免材料过长记忆产生混乱，也就是我们所说的负重原理。这些在后面的章节中会详细阐述。

商品的价值是由生产商品社会所必需的劳动时间决定的，交换商品要以价值为基础进行，商品价格受供求关系影响，围绕价格规律上下波动，但是价格不会围绕价值太远而无限涨落，其根本原因是价值决定价格。

商品的价值是由生产商品社会所必需的劳动时间决定的。

联想：工人组装一部手机需要一定的劳动时间，组装后要贴上标价。（组装手机是生产商品的过程，贴上标价是商品的价值）

交换商品要以价值为基础进行。

联想：购买手机必须以人民币的价值为基础进行购买。

商品价格受供求关系影响。

联想：买手机的人排队抢购导致价格上涨。供小于求的时候一定会涨价。

围绕价值规律上下波动。

联想：任何产品都会围绕价格规律波动，手机一旦出现新机型，卖场里的老款手机就会降价。

但是价格不会围绕价值太远而无限涨落。

联想：一款老手机的价格不会围绕价值太远而无限跌落，会有一个最低售价。

其根本原因是价值决定价格。

联想：手机的标价标签上的价值数额决定了它的价格。

我们将这一段信息加工成手机卖场里面排队买手机的一个具有前因后果的逻辑事件就可以快速记忆它们了，而每个句子之间如果没有逻辑联系完全孤立就会非常难于记忆。

第三节 记忆宫殿速记体验

高效人士7个习惯——1.积极主动；2.以终为始；3.要事第一；4.双赢思维；5.知彼解己；6.协作增效；7.不断更新。

如何记忆这7条信息呢？首先我们得对数字进行图像编码处理，然后再借助这些数字的图像来记忆以上7个习惯。

数字1编码成一棵树（1象形树），用数字编码1记忆"积极主动"——可以用内视觉想象一个人积极主动地去爬一棵树，爬上去摘水果，不是被人强迫做这件事的，通过这个联想我们就快速记住了积极主动。

数字2编码为鸭子（2象形鸭子）——想象鸭子跑了10米之后以终点为起始点继续跑10米，通过这个联想就快速记住了"以终为始"。

数字3编码为耳朵（3象形耳朵）——想象耳朵发炎了，要事第一件是去看医生或者滴入滴耳液，通过这个联想就记住了"要事第一"。

数字4编码为国旗（象形）——想象购买一个国旗，买家付款，卖家发货，双方都获得了自己想要的东西，实现双赢，通过这个联想就记住了双赢思维。

数字5编码为钩子（象形）——想象一个钩子上左边挂着鼻子（知彼=鼻子）右边挂着街机（解己=街机），通过这个联想就记住了"知彼解己"。

数字6编码为勺子（象形）——想象一个人掰不断勺子，两个人协作增效一起掰断了勺子，通过这个联想就记住了"协作增效"。

数字7编码为拐杖（象形）——想象商人不断更新给拐杖刷油漆，然后卖给顾客，通过这个联想就记住了"不断更新"。

试着通过回忆1~7的数字图像编码和相关的联想来回忆以上7个信息条。

我将数字1—2000通过谐音编码成为图像，这意味着我只通过数字就可以快速记忆2000条信息，我把它们称之为数字宫殿。当然，数字宫殿不是记忆信息最快的，记忆速度最快的方法是现实和虚拟地点构成的记忆宫殿。

creative activities work

project mission success social vision team

第二章

三大记忆模式

第一节　机械记忆

机械记忆是指我们通过对文字进行反复读、听、写、看来使它成为长期记忆的一种方法。很多网上的信息常常提到，机械不实用，实际上也不完全是这样，机械记忆的优点是抽取速度快。

机械记忆记入大脑的信息从大脑中抽取出来的速度是最快的。我们在生活中可以发现一件事：一个人童年的时候记忆过的事物可能终生不忘，而且回忆速度非常快。人在童年的时候可以更好地开发出好的机械记忆能力。成年以后，我们的机械记忆能力会不断下降并且难以开发，一个人的机械记忆能力很大程度地影响了他的学习能力，机械记忆能力和一个人的先天条件有关。

机械记忆的缺点也很致命，因为机械记忆对普通人而言需要重复的次数太多，消耗的时间量太大，同时机械记忆重复的次数过多会降低学生的注意力和学习热情，降低注意力也是造成很多学生早读看似努力狂背却实则过口不过心，其次机械记忆的容量比较短，要记忆的信息越长，记忆起来越容易混沌。

而记忆宫殿不一样，顺序不会出错，因此机械记忆效率就会相对较低，但是记忆宫殿的学习需要一个周期，没办法速成，而且没有老师教学可能会走弯路。现实中也存在少数机械记忆能力过人的人，但这样的人也算是凤毛麟角。

人在成长过程中记忆的信息越多，对他的联想记忆帮助越大，机械记忆的信息量可以帮助一个人的联想记忆打下一个好的基础。一个狼孩成年后回归人类世界学习新知识的效率会很低很慢，因为他的起点太低了。一个人要使用记忆宫殿也需要积累大量的图像代码和文字转化经验作为基础铺垫。

那么为什么说人在成长过程中记忆的信息越多，对他的联想记忆帮助越大呢？我们先来看一下人脑细胞的记忆分工。

人的大脑内部存在很多不同的神经细胞，他们分别负责人的短期、中期、长期记忆。

人的活泼细胞负责短期记忆，它们的数量较少，也决定了人短期内的反应能力。这种细胞受到神经信号刺激的时候，会短暂地出现感应阀下降现象，但是它的突触一般不发生增生，感应阀下降维持几秒到数分钟，就会回复正常。

中期细胞负责中期记忆，数量居中，它决定了一个人的学习适应能力。这种细胞在受到神经信号的刺激时，就会发生突触增生，这种增生比较缓慢，需要多次刺激才能发生显著的改变，而且增生状态只能持续数天和几周，比较容易发生退化。

惰性细胞负责长期记忆，数量比较多，决定一个人的知识积累能力。这种细胞在受到大量反复的神经信号刺激的时候，才会发生突触增生，这种突触增生极缓慢，需要非常多次的反复刺激才能形成显著的改变，但是增生状态能持续数月甚至十年，不易退化。

三种脑细胞的区分是相对的，活性分布没有明确的界线，它们是连续分布的。

记住信息的本质就是：记住=可以回忆=细胞联系路径的通畅=细胞之间的显性联系。人的脑海里储存的长期记忆越多，可以调取的联系就越多，那么记忆新信息也就越方便。

犹太人的孩子在小的时候，父母会在经典书籍例如《旧约》《塔木德》《圣经》中放上蜂蜜让孩子舔，告诉他们书是甜的，然后让他们背诵。犹太人的孩子很小就接受了背诵训练，开发智力。犹太人只有地球人口的0.25%，却拿了45%的诺贝尔奖，占美国人口仅为3%的犹太人操纵着美国70%以上的财富，犹太人在美国经济、金融、政治、外交等方面有重大影响，是美国最强大的少数族裔。我认为背诵是使犹太人如此优秀的一个原因，他们比其他民更族重视教育。我认为有条件的话，家长可以在童年对孩子进行一定程度的背诵训练，像犹太人一样开发孩子的智力潜能。

我有个同学是个数学高手，他的大脑反应速度比一般人快很多，说话语速也很快，高数考试接近满分，还提前30分钟交卷出考场。后来和他吃饭的时候，我从他口中得知：他的父母都是教师，他小时候受过背诵训练。童年的机械背诵训练一定程度改变了他的大脑，所以在童年的时候，父母可以适当开发自己孩子的机械记忆力。在做扑克速记培训的过程中，一个6岁半孩子记忆扑克的进步速度是其他成年学员很难达到的，这个孩子只用了几天就超过了训练已经有一个多月的成年学员。

在应用文字的记忆培训工作中，我发现真正的高效记忆其实是机械、图像、逻辑三种并存的，图像记忆和逻辑记忆比机械记忆更快更牢固，但是当你拥有图像和逻辑衔接作为回忆提示的话，再融入一些自己天生的机械回忆能力，就可以达到最大化的应用记忆效果。

第二节　逻辑记忆

逻辑记忆是指通过高度理解来记忆信息+寻找信息的逻辑规律+寻找或者编制事物之间的逻辑关联+借助过去的人生经验把信息和过去信息关联以熟记新的记忆方法。记忆术初学者处于将信息图像化快速记忆的阶段，而记忆高手善用逻辑联系来记忆信息。

逻辑记忆范例

马斯洛需求层次理论：1.生理需求。2.安全需求。3.社交需求。4.自尊心需求。5.自我实现需求。

逻辑记忆：我们每天吃饭才能生存下来，这个是生理需求，吃饱饭以后我们得出去上班或者上学，上班路上要注意交通安全（安全需求），到单位上班要和同事搞好关系是（社交需求），单位的老板经常会批评我们伤自尊心（自尊心需求），每个月领取工资可以去买自己想要的东西比如一台笔记本电脑或者手机等，这个是自我的愿望实现（自我实现需求）。

逻辑记忆追求的是不记而记的一种效果，很多信息其实就是我们的生活本身，而记忆高手能发现生活和抽象信息的关系就自然而然记住了。

影响消费的因素：商品性能、质量、外观、包装、广告、购买方式、商店位置、服务态度、售后维修和保养。

逻辑记忆：苹果手机商品性能（商品性能）和质量都好，质量（质量）好要外观包装（外观、包装）好才能卖，包装之后必须要做广告宣传，广告（广告）被顾客看到他们就会来购买，顾客购买需要到具体商店位置（购买方式、商店位置），商店的员工服务态度（服务态度）好可以促进产品的销售，卖出去的商品坏了之后就得进行售后维修和保养（售后维修和保养）。

逻辑分析信息范例

那是力争上游的一种树，笔直的干，笔直的枝。它的干通常是丈把高，像加过人工似的，一丈以内绝无旁枝。它所有的丫枝一律向上，而且紧紧靠拢，也像加过人工似的，成为一束，绝不旁逸斜出。它的宽大的叶子也是片片向上，几乎没有斜生的，更不用说倒垂了。它的皮光滑而有银色的晕圈，微微泛出淡青色。这是虽在北方风雪的压迫下却保持着倔强挺立的一种树。哪怕只有碗那样粗细，它却努力向上发展，高到丈许，两丈，参天耸立，不折不挠，对抗着西北风。

记忆这篇散文时，我会先观察作者描述信息的逻辑顺序，梳理一遍逻辑后再开始记忆。

逻辑分析：作者描述树的顺序：主体白杨树——主干——丫枝——叶——皮——外部环境：北方风雪。梳理一遍文章的叙述逻辑，是从整体到局部，从大的部分到小的部分，最后描述外界环境，逻辑分析一下，就会感觉好记多了。

寻找逻辑规律记忆信息范例

24549002 这个号码记忆时，我发现245的两倍是490，02是490的末位数字和245的首位的数字组合，掌握了这串数字的内部规律，就不记而记了。

美国的本杰明·富兰克林有一种学习方法，就是把自己看到的好句子理解后用自己的表达方式表述出来，通过这种理解表达的方法，他记住了海量的信息，所以平时养成理解并表达信息的习惯对你记忆力的提升是有帮助的。

逻辑推理记忆信息范例

教育机制概括：因势利导、随机应变、掌握分寸、对症下药。

记忆过程：教育机制压缩成教机，教机编码为胶片照相机，我们可以想象照相的时候，利用太阳光更亮的角度照出更好看的相片，这个过程就是因势利导，随机应变可以想象根据周围环境背景的好坏来选择拍照背景，掌握分寸可以想象被拍照的人一般会笑，但是要掌握分寸不能龇牙咧嘴的笑，这样照片不好看，对症下药可以想象被拍照的人一般会对症下药PS掉自己照片上不好看的地方。

联系的四性：普遍性、客观性、多样性、条件性。

记忆过程：想象手机可以联系朋友（联系），大家都有手机（普遍性），我们可以观察自己的手机（客观=可以观察），周围的人们有多样的手机（多样性），如苹果、华为等，得到手机的条件是付钱才能买到（条件性）。

第三节　图像记忆

凡是我们要记忆的信息，都应该赋予其形象，并将它们储存在固定的场所。——利玛窦。

图像记忆是指把我们要记忆的文字信息通过联想处理为图像画面来记忆，再把转化好的图像储存于记忆中的场所中来记忆的方法。图像记忆的核心就是联想+图像+场所，欧洲记忆术几千年的发展都是围绕这个主题而展开的。

图像记忆范例

要把时间花在刀刃上——厨师切菜，厨师切菜是把时间花在刀刃上，这个图像可以记住这句话，然后将这个画面安置在一个地点上就可以快速记忆它了。

物质和运动的关系是相互并列相互依存的 ——看到这句话的时候，我会想到一辆面包车，因为面包车是个物质，面包车可以运动行驶，面包车的两个轮子之间是相互并列的，轮子和车子之间是相互依存的。

图像和逻辑结合记忆范例

表示消费者偏好相同或满足程度相同的两种商品的不同数量的各种组合。

逻辑分析：这是一个和消费有关的信息条，可以使用现实中消费者购买东西的画面来记忆它。

记忆：卖猪肉，五花肉和全瘦肉两种不同商品不同数量的各种组合摆放在砧板上，顾客买走了全瘦肉，满足地笑了，笑的程度是一脸褶子（假设你在卖猪肉，和消费者顾客偏好相同的是全瘦肉，那么就递给他全瘦肉=表示消费者偏好相同；顾客满足地笑了，笑的程度是一脸褶子=满足程度；五花肉和全瘦肉两种商品不同数量组合在砧板上=两种商品的不同数量的各种组合）

学会逻辑分析信息条，再去寻找生活中含义相似的画面。

图像和逻辑结合记忆范例

常见的说明方法：1.举例子；2.分类别；3.作比较；4.作诠释；5.打比方；6.摹状貌；7.下定义；8.列数字；9.列图表；10.引资料。

记忆：我手上举这个李子吃（举例子），果盆里面有很多水果分类别（分类别）摆好，比如：酸的水果放在一起，甜的放在一起，我拿着两个水果作比较确定谁大谁小，然后选择了大的（作比较）那一个水果。吃水果的时候我的手全部湿（作诠释）了，天气热大鼻子上方（打比方=大鼻子上方）全是汗，我的脸上化了妆使自己的相貌更美（摹状貌），现在下雨我的头上顶着一顶帽子（下定义），帽子上有一个数字LOGO是23号（列数字），有人吐出飞镖射中了我的帽子（列图表=吐镖），我的头受伤后需要治疗（引资料）。

图像和逻辑双剑合并记忆信息更有利于回忆信息。

第三章

记忆的三种方法

第一节　代替法

我们的书本上90%以上的文字是以抽象词汇存在的，所以为了快速记忆文字，我们必须学会用图像来代替这些抽象词汇进行记忆。没有图像代替法，其他记忆方法是无法进行的。

人类的大脑特性是：对图像具有超强的记忆能力，只能快速记忆概念和图像。人类对文字机械记忆通常忘得很快，快速记忆的原理就是把抽象信息转化成图像去记忆。

代替法主要是从音形义三个大方向上将抽象词汇和句子转化成图像画面来记忆信息。

通过谐音将信息编码为图像范例

其实=骑士；新建=信件；复制=斧子；文字=蚊子；谐音=鞋印；例子=李子

记忆宫殿：
一本书快速提升记忆力

通过含义将信息编码为图像范例

寒冷=棉衣；缓慢=乌龟；和平=鸽子；安全=保镖；消防=灭火器；罪恶=囚犯；荣誉=奖杯

通过象形将信息编码为图像范例

3=耳朵；4=国旗；王=老虎；8=葫芦；00=望远镜

当我们无法把一个词汇转化成一个单独的图像的时候，将它们拆成两个发音的组合画面就可以记住了，比如：比例=臂力器，你无法转换成一个单一图像的时候，可以拆成bi和li两个发音去转码记忆笔（bi）插入梨（li），这种方法几乎是万能的，毕竟汉语也只有400个基础的发音。

初学者可以建立一套个位的文字代码，常用的汉字大概4000个，比如：明=姚明，刘=刘德华，风=风筝，泉=矿泉水，太=太后，洗=洗衣粉，吸=吸管，席=席子，曲=弯曲的铁棒，代=人拿着戈，甜=甜甜圈。

拥有一套个位文字编码后的初学者，可以逐步进阶到两位文字编码和四位文字编码，最终学习将一个句子转化成一个图像，这是我培训记忆应用文章学员时的流程之一。

使用代替法编码抽象文字的一些原则：好出图；好还原；已熟知；够简洁；编码不能带有抽象信息。如果我们用代替法编码的图像回忆不出来，往往是因为以上原则没有得到满足，当出图不容易的时候，很容易遗忘，出的图像和信息关联性很弱的时候就回忆不出来。我的一个学生将商品生产编码成为三杯神茶后自己根本回忆不起来，这个编码是抽象信息，编码尽可能简洁，例如"唯独"编码成围在肚子上的围裙或者皮带，胜过一群人围堵一个人，因为图像过于复杂，不易辨识，或者说一个学员将信息编码成为弗洛伊德，但是他本人从来没见过弗洛伊德的画像导致最后回忆不起来信息。

第二节　记忆术起点：锁链法

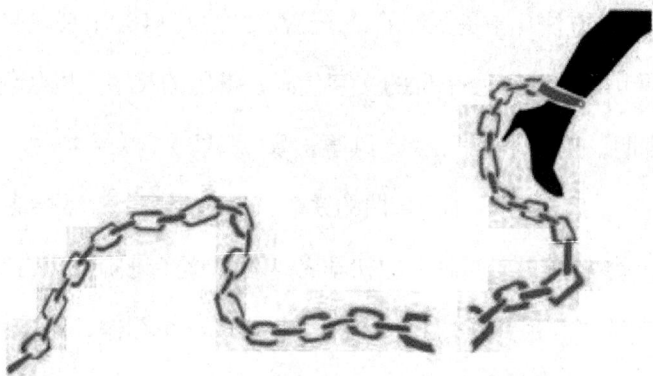

锁链记忆法是将所记知识的转换图像像锁链般连接起来，使之环环相扣。

锁链法记忆具象词范例

苹果　小刀　铅笔　狗　加菲猫　火车　大象　门　电话　玫瑰花

将以上图像词汇使用动词衔接起来记忆，动词是锁链法的记忆胶水。

锁链法记忆：苹果中间插（动词）入小刀，小刀（动词）削铅笔，小狗拿（动词）起铅笔写字，加菲猫和小狗掰（动词）手腕，加菲猫开（动词）火车，火车撞（动词）飞大象，大象用鼻子喷（动词）水射到门，门上（动词）挂着电话，我打电话订（动词）玫瑰。

回忆内视觉画面复述出以上图像词汇。锁链法要点：一次性串联的词组不要超过15个，超过15个很容易使记忆链断裂，在5、10、15个之内的词组记忆效果相对较好，多一些深度记忆胜过盲目贪多，图像的顺序可以通过空间从左到右或者别的顺序排开，尽量不要重合在一起。

锁链记忆法你怎么记？

苹果　小刀　铅笔　狗　加菲猫　火车　大象　门　电话　玫瑰花

_____

_____

_____

_____

抽象词汇社会主义核心价值观记忆范例

富强、民主、文明、和谐、自由、平等、公正、法治、爱国、敬业、诚信、友善分析：抽象词汇的记忆难度比图像词汇要大很多，我们必须先将抽象词汇转换成图像词汇，在记忆文章的时候，我们要先将文章里的重点词汇提炼出来，编码联结好以后，通过图像复述出来。

信息的3个层次分析：国家层次：富强、民主、文明、和谐；社会层次：自由、平等、公正、法治；个人层次：爱国、敬业、诚信、友善。

抽象词图像转码：富强=来复枪；民主=明珠；文明=叫文章的明星；和谐=河蟹；自由=自由女神像；平等=平板凳；公正=包青天；法治=法师；爱国=爱国者导弹；敬业=金叶；诚信=庾澄庆；友善=弥勒佛（笑眯眯很友善）。

锁链法记忆：来复（富强）枪打爆夜明珠，夜明珠（民主）握在文章（文明）手里，文章的手被河蟹（和谐）夹住。

脑海中回忆内视觉画面，然后复述出前面4个词汇试一试。

读者自我挑战记忆剩余抽象词汇：

社会层次：自由、平等、公正、法治

个人层次：爱国、敬业、诚信、友善

记忆经验分享：当我们联结的时候可以去留意事物的功能再去进行联结：比如自由女神的火把是烧，螃蟹是钳夹是夹等，比如定桩，桩子是一个灶台就是煮东西，篮筐就投篮一样射进去，事物有什么逻辑属性就怎么去定桩，而不是随意去想象，比如孙悟空变成了一条鱼，孙悟空这个本身的图像都丢失了就记不住了。

第三节　固定法

我们将抽象信息编码成图像固定到桩子上就是固定法。

我们的记忆过程是：识记，保持，再现。而识记的过程中会出现一个现象就是记忆的负重，不论是机械记忆还是图像记忆，一旦联结的图像过多，记忆负重加大就容易遗忘或者记漏信息。所以我们需要模仿像电脑一样的对记忆的储存功能，将信息归纳整理归纳在类似于记忆硬盘的地方，方便我们寻找记忆。

那么我们的桩子就是这个记忆硬盘，一个人的记忆桩子越多，他的记忆硬盘就越大，就可以容纳下更多信息。什么样的事物才能称之为桩子呢？有一个学生说我的记忆宫殿是我们的班级的座位，一个个一样的板凳。

那么问题来了，一样的板凳的记忆信息会导致什么问题呢？

会导致记忆混乱。我们是用组合画面的不同来记忆的，如果那些桩子都一样，安置在桩子上的图像就会无法辨别，最后记忆也就容易混淆。

地点是记忆桩子最原始的一种，但实际上万事万物都是桩子。桩子必须满足2个条件：1. 必须是各异的图像。2. 有我们熟悉的顺序。桩子就像触发记忆的点，能满足以上两个条件的桩子就可以帮助我们触发出一系列的记忆信息。

第四节　固定法之记忆力测试

我们来做一个记忆力测试，使用身体记忆宫殿来快速记忆五个成语，能用身体记忆宫殿一次全部记住下面5个成语者，记忆力为优秀。

海阔天空　情非得已　满腹经纶　兵临城下　天下无双

我们先记住5个身体记忆宫殿桩子：头顶（人只有1个头）；眼睛（人有2个眼睛）；耳朵（人的耳朵象形3）；嘴巴（人的嘴巴说人是非，谐音4）；手指（人有5个手指）。

相信你已经很快记住了上面5个身体桩子了。接下来我们即将使用身体桩子来快速记忆以上5个成语检测你的记忆力。

头顶——海阔天空记忆：人站在海边，面前海阔，头上是天空（联想）。

眼睛——情非得已记忆：眼睛进了沙子，情非得已难受得流眼泪了（联想）。

耳朵——满腹经纶记忆：满腹经纶的老师对着你的耳朵滔滔不绝地讲课（联想）。

嘴巴——兵临城下记忆：一群士兵来攻城，被诸葛亮用嘴巴骂走了（联想）。

手指——天下无双记忆：天下有无数的人有两双手，手上有手指（联想）。

现在请闭上眼睛，通过五个身体桩来回忆5个成语并检测对了多少个，记住一个成语得20分，满分100分。

记忆宫殿技巧越早学会大脑能开发的潜能就越大，小孩在童年时期就学习记忆宫殿可以更容易打造出一个记忆达人，一般我推荐10岁以上的孩子学习记忆宫殿。

第五节　固定法之地点桩记忆体验

这是一个记忆宫殿的房间，当我们快速将它记忆在脑子里以后就可以使用将它作为记忆的硬盘记忆任何信息了，接下来我们用它快速记忆唐朝的一些作家。

唐朝作家：王勃 杨炯 卢照邻 骆宾王 贺知章 王之涣 孟浩然 王昌龄 王维 李白 高适 崔颢 秦岑 张志和 韩愈

记忆的名字：王勃 杨炯 卢照邻

地点1：枕头

记忆：黄渤（男演员黄渤=王勃）浑身痒痛（杨炯）坐在枕头上抓，路过照顾他的邻（卢照邻）居帮他挠痒，这一切通过内视觉想象发生在第一个地点枕头上。

记忆的名字：骆宾王 贺知章 王之涣

地点2：桌子

记忆：桌子上落下一个笔直站着的王子（骆宾王），手上拿着祝贺词的纸张（贺知章），王子不断换（王之涣）新的纸张给别人观赏。

记忆的名字：孟浩然 王昌龄 王维

地点3：沙发

记忆：蒙好眼睛然（孟浩然）后让望着的人唱歌给你（王昌龄）听猜什么歌，沙发是你的王位（王维）。

记忆的名字：李白 高适 崔颢

地点4：窗户

记忆：你从窗户上看到了白（李白=你白）色的窗帘，窗帘上贴着告示（高适），你刚锤好（崔颢）告示上的钉子。

记忆的名字：秦岑 张志和 韩愈

地点5：电视

记忆：你在为电视清理灰尘（秦岑），电视上有个脏纸盒（张志和），盒子上写着汉语（韩愈）文字。

5个地点桩子记忆完唐朝的作家，剩余的5个桩子还可以用来记忆其他信息。

第六节　固定法之千位数字定位系统

我们记忆信息需要一个记忆的索引，抑或称之为记忆的触发点，这个触发点从古至今用得最多的是地点桩，但是实际上数字也可以用来构建一个庞大的记忆宫殿，按照记忆的桩子的原理，只要符合是有顺序有不同特征的图像就可以了。

因为受到空间的局限性，我无法带领读者去现实中寻找地点桩帮助你们制作属于自己的记忆宫殿，所以我设计了一个简易的数字宫殿编制系统，可以编制千位甚至万位数字编码。我将一些数字对应上是声母的字母，然后用数字转换成声母就可以组合出不同的物像，而这些数字的集合就是一个数字宫殿。数字定位系统经过深化改革可以变换出上万的桩子，篇幅有限不再赘述。

数字	0	1	2	3	4	5	6	7	8	9
声母	D	Y	Z	S	H	W	G	T	B	Q

声母对应数字的记忆：

0—D：0象形D。

1—y：1的发音首字母是y。

2—Z：象形。

3—S：3的首字母发音是S。

4—h：倒象形。

5—w：5的首字母发音是W。

6—g：倒象形。

7—t：象形。

8—b：象形。

9—q：象形。

千位数字宫殿编码制作范例

123 对应字母：yzs=椅子上=坐垫。

546 对应字母：whg=无花果。

457 对应字母：hwt 话务台=电话。

965 对应字母：qgw 情歌王=情歌王子张信哲。

786 对应字母：tbg 特别高=姚明。

千位数字宫殿记忆信息范例

123 椅子上=坐垫。

124 一直挥=旗帜。

125 杨宗纬。

126 一只狗。

127 圆柱体。

128 圆珠笔。

千位数字宫殿随机成语记忆

相亲相爱——123（yzs）椅子上=坐垫

联想：坐垫上有两个人在相亲相爱。

八仙过海——124（yzh）一直挥=旗帜

联想：八仙过海成功挥动旗帜庆祝。

金玉良缘——125（yzw）杨宗纬

联想：杨宗纬结下金玉良缘结婚了。

掌上明珠——126（yzg）一只狗

联想：一只狗把掌上明珠叼走了。

皆大欢喜——127（yzt）圆柱体

联想：接到一个金子做的大圆柱体很欢喜。

逍遥法外——128（yzb）圆珠笔

联想：用圆珠笔射杀别人，逃跑后好吃好喝逍遥法外。

按照以上思路我们就可以编码出千位数字编码，千位数字编码是一套常规的定位系统，使用这个定位系统就可以帮助初学者记忆大量的信息材料。

千位数字编码实战范例

古之学者必有师。师者，所以传道受业解惑也。人非生而知之者，孰能无惑？惑而不从师，其为惑也，终不解矣。生乎吾前，其闻道也固先乎吾，吾从而师之。——韩愈《师说》

千位数字编码桩：221（zzy）=做作业

记忆材料：古之学者必有师

联想：古人做作业不会请教老师。

千位数字编码桩：222（zzz）=猪崽子

记忆材料：所以传道受业解惑也

联想：猪崽子坐船到守夜人那里接货物（传道受业解惑=船到守夜接货；也可以使用老师教猪崽子读书的画面）。

千位数字编码桩： 223（zzs）=针织衫

记忆材料：人非生而知之者

联想：一个女孩不是生下来就知道织针织衫的，是和她妈妈在学习中学会的。

千位数字编码桩： 224（zzh）=正在画=画板

记忆材料：孰能无惑？惑而不从师

联想：小朋友学习画画不可能没有疑惑，他的头上是冒出问号（孰能无惑），老师在旁边他却闷头沉思而不问，这个过程是惑而不从师。

千位数字编码桩： 225（zzw）=蜘蛛网

记忆材料：其为惑也，终不解矣。

联想：蜘蛛网起火（其为惑也=其惑=起火），用钟表不断打（终不解=钟表不断打）解决了火。

千位数字编码桩： 226（zzg）=珍珠膏

记忆材料：生乎吾前，其闻道也固先乎吾，吾从而师之。

联想：一个珍珠膏摆在前面，一个先生在我面前（生乎吾前=先生在我前），他先闻到气味（其闻道也固先乎吾），我从食指接过他闻过的珍珠膏（吾从而师之=我从食指间）。

第七节　固定法之记忆宫殿实战

记忆文章的时候，关键抽象词串联的记忆流程如下：

1. 熟读原文。

2. 提取关键字、词。

3. 图像化关键字、词。

4. 回溯关键词，如果回忆不流畅作一定修正。

5. 定桩固定法记忆信息。

6. 根据编码回忆原文。

7. 复习信息。

8. 脱离桩子。

国家具有三属性，主权社会有阶级，

国家制度包两体，国体政体有联系。

国体是指国性质，各个阶级占地位。

这是高中知识的一个压缩口诀，我把关键词提取一下：国家、三属、主权、阶级、制度、两体、政体、联系、国性、地位，然后这样记忆：国旗（国家=国旗）插在杉树（三属）上，杉树下面全是猪（主权=全是猪），猪都在打街机（阶级），猪肚子（制度=肚子）饿了，两个猪蹄（两体=两个猪蹄）正在踢（政体正在踢）洗脸盆（联系=洗脸盆），洗脸盆里飞过来很多信（国性=飞过来信），信飞到洗脸盆的低位（地位=低位）。

那么问题来了，无限串联关键词会怎么样呢？

很明显如果中间一个图像断链子你的记忆就会全部崩盘。所以我们需要使用记忆官殿去记忆，好处有以下几点：1.信息容量扩大。因为地点桩子分担了记忆的负重。2.抽取方便，没有桩子的时候，我们回忆一个信息中间某个内容需要重头开始回忆，而有桩子的时候，我们可以快速回忆任意桩子上的内容，或者一个桩子上的信息丢失，另外一个桩子上的信息可以保存。

假设我们现在使用随机的古诗桩子记忆信息：小桥流水人家，枯藤老树昏鸦。将古诗转化成为记忆的地点桩子：小桥、流水、人住的屋子、枯藤、老树、乌鸦。

记忆政治口诀信息如下：

人代会制我政体，全国人大最高权，

立决监督和任免。地方各级人代会，

本区域内国机关。人代会制是政制，

民选代表理国事，直接体现国性质。

桩子小桥记忆：人代会制我政体，全国人大最高权

图像转化：小桥上有人带着绘制的图纸正提在手上（人代会制我政体谐音=人带着绘制的图纸正提在手上），小桥上全是大人，大人是家里最高的，他们牵着孩子（全国人大最高权=全大人最高牵）。

桩子流水记忆：立决监督和任免。地方各级人代会

图像转化：流水边上立即处决一个犯人，官员监督戴着人的面具（立决监督和任免=立即处决，监督，人面具），这个地方各处都有小鸡被人带回去了（地方各级人代会=地方各处小鸡被人带回去）。

桩子屋子记忆：本区域内国机关。人代会制是政制

图像转化：屋子本区域内很多机关枪（本区域内国机关），人带回家正在自己选（人代会制=人带回自　正自=政制）。

桩子枯藤记忆：民选代表理国事，直接体现国性质

图像转化：枯藤上人民选出一个代表坐上去处理国家大事批阅奏折（民选代表理国事），他的身体上有很多现金送给过路行人（体现国性质=身体现金给过路行人）。

我用古诗做了一个随机的地点桩子记忆以上政治口诀，然后当我想抽取信息的时候回忆一个个桩子就可以了，减少了记忆的负重和抽取的难度。

通过这个例子我们可以发现一个问题，其实所有我们熟悉顺序的图

像事物都是桩子，而不是局限于我们背下来的房间地点桩，所以记忆宫殿其实是我们已知的事物和未知的事物的联系，而我们需要做的是把已知顺序的事物转换成图像来记忆新的信息。

在记忆的教学过程中，我会反复回答学员的记忆问题：记忆宫殿可以重复使用吗？

记忆的内视觉图像亦或桩子都只是一个助记拐杖而已，当我们对信息可以脱口而出，成为长期记忆或者永久性记忆的时候，我们就不再依赖这个助记拐杖了，那么我们可以将新记忆的信息定桩在桩子上，这样桩子就可以再一次使用了，而且在记忆高手眼中桩子是无穷无尽的。

creative activities work

project mission   success social vision team

第四章

记忆理论铺垫

第一节　记忆的宏观理论

记忆的宏观理论主要包括以熟记新、以图记新、以序记新、以顺记新、以逻记新和以情记新。

以熟记新就是我们要学会使用熟悉的东西去记忆我们未知的东西，学习的过程就是不断地将新信息和旧信息产生关联，就像缝接一样。假设我们要记忆一句话：过分地夸大意识的主观能动性，我们可以想到一个熟悉的成语——愚公移山，就可以记住这句话了，因为愚公移山就是过分夸大人类意识的主观能动性，一个人光凭蛮力是很难移动一座山的。这种借助自己所有记住过的信息来记忆新信息的过程就是以熟记新，假如你要记忆我的名字：宁梓亦，那么和你已知的明星林志颖谐音联系一下就记住了。如果你想记住一句话：通过试探性的行为来决定策略去解决问题，我们可以想到一个熟悉的歇后语——摸着石头过河，这个过程就是试探性的行为决定用脚走过去还是坐船两种不同的策略。

以图记新就是利用人脑对图像记忆能力很强的特性，将信息转化为

记忆宫殿：
一本书快速提升记忆力

内视觉图像，然后通过回忆图像来解码成文字快速记忆的过程。

以序记新就是遇到信息很长的时候，我们想想很长的联系是在容易受到记忆负重的干扰导致大面积遗忘的情况下，提前制作一个序列来帮助回忆，就像一个回忆的线索，我们先打造一个序列如A、B、C、D，如果我们很熟悉它们的顺序就可以使用A去记忆A1、A2、A3……B去B1、B2、B3……以此类推，利用序列减少记忆的负重就可以更高效地记忆信息。

以顺记新就是我们在记忆信息的时候，联想必须是按照一个顺序去进行的，而不是胡乱地联想，那样记忆起来是很容易出错的，联想必须有顺序才能方便我们回忆。

以逻记新就是我们必须善用逻辑来帮助我们记忆信息。

例如我们记忆一段文字：

只有受教育，才能提高自己的科学文化素质，不断地丰富和发展自己。受教育使我们更有可能获得良好的就业机会，在为社会创造更多财富的同时，自己也能获得相应的报酬，从而更好地享受现代文明的成果。

我提取一下信息的关键词：受教育、文化素质、丰富和发展自己、良好的就业机会、创造更多财富、相应的报酬、享受现代文明的成果。

我们可以发现信息是有逻辑性的，如果逻辑分析能力好可以不记而记：人必须接受教育（受教育），才能提高文化素质（文化素质），然后不断丰富自己的知识，发展自己，可以想象高学历的文凭可以有更多投递简历的机会来发展自己（丰富和发展自己），然后获得就业机会（良好的就业机会），就业以后就可以获取工资得到财富（创造更多财富），财富来自老板给的相应的报酬（相应的报酬）工资，得到工资可以享受现代文明的成果（享受现代文明的成果），比如购买自己想要的笔记本电脑等。

以情记新就是我们必须创造出带动我们情绪的画面或者联系来帮助我们加深记忆的印象，不同的图像和联系的记忆效率是不一样的。

第二节　视觉图像是一切记忆的基础

在2500的年前，欧洲人在发现形象更容易记忆的前提下发明了记忆宫殿。视觉图像的记忆更符合人们认识客观事物的规律。人们认识客观事物是从感知开始的，一个婴儿生下来我们和他说哲学他是完全听不懂的，所以人类最初认识世界是利用五感去认识的，其中视觉是五感中最主要的途径。

人们听到猪肉，最先想到的是猪的外形而不是猪这个字，当心理学家问一个人：不要看到蓝色的时候，他的大脑会自动想象出蓝色的画面，人的潜意识会直接跳过不要这个字，这都证明了人的记忆是以视觉为主的，记忆高手会将文字和图像建立一个链接，当你建立的图像和文字链接非常多的时候，你离文字记忆大师就更近一步。熟悉了文字和图像之间的新链接就意味着你掌握了一门新的语言，即记忆的语言，一万小时天才理论在应用文字记忆领域是可行的。

在进行内视觉想象记忆的时候，我们发现我们能想象出的影像并不是清晰的而是模糊的，而幼儿和孩子们想象出来的图像却很清晰甚至带有五感如味觉、触觉等更多的感官体验，所以他们可以比成人更快速地学会速算和盲拧等技巧，他们练习记忆扑克数字的进步速度也远远超过成年人。

为什么孩子学习内视觉记忆技巧会超过成人？

因为孩子们的思想很单纯没有杂念，他们的大脑更灵敏，吸收力也更强，人类在幼年的时候右脑是非常发达的，随着年龄的增长我们大脑的想象力慢慢被左脑的逻辑思维抑制了。成年人可以通过图像观察+想象训练来恢复内视觉想象力，通过冥想让自己的大脑进入阿尔法波状态，保持心无杂念，不断地去想象图像的特征和细节……随着这种训练的持续进行，成年人的内视觉也会变强，画面会逐渐变得清晰。

在进行图像记忆训练的时候，图像必须清晰可见吗？

内视觉图像清晰度越高，我们的记忆就会越深刻，但是12岁以后我们会逐渐失去高度清晰的内视觉想象能力，大多数成年人脑海中出现的想象画面都是比较模糊的。

如何让想象的画面更清晰呢？有三个途径，第一是通过记忆训练反复加强右脑呈现图像的能力，第二是花更多的时间去想象图像的细节特征，第三是看清图像的一个清晰特征具有一定辨识度，这个清晰特征能让你快速分清这是什么时就直接跳过进入下一个图像的想象，毕竟在使用记忆法时我们始终要追求一定的记忆速度。

第三节　快速记忆的秘密

《布鲁诺的记忆体系》提到，人的大脑最容易记住的是两种事物：联系和图像。经过记忆训练，我们的大脑可以快速联系事物记忆信息，找到这种联系的能力我称之为联觉，这种能力决定了你的记忆能力。记忆官殿学到后期，一个人的联系能力可以帮助他们下意识地完成任意两条信息之间的联系。

记忆训练的过程前期是非常痛苦的，它是一个迟钝缓慢到快速敏捷的过程，一个人的天赋和努力的程度决定了他训练后进步的速度，能力呈抛物线形逐渐增强，起初最难，然后斜率逐渐下降，最后抛物线下滑意味着你开始适应这种新的思维模式，这个过程就像毛虫破茧成蝶。

第四节　什么是联想

联想是头脑从一个事物想到另一个事物的心理活动，人脑容易记住有关联的事物，例如水杯和显示器毫无关联，此时我们可以建立一个关联：水杯装液体，显示器是液晶显示器，都包含液体，建立联系后就快速记忆住了。钢琴和羽毛球的关联：钢琴是用木材制作而成的，木材来自树木，树上会有鸟，鸟身上有羽毛，羽毛和羽毛球关联，你会发现这些事物有了关联以后会更容易回忆。

强大的联系能力可以通过大量的记忆训练来习得。

记忆依靠联系，但是这种方法目前还没有被广为人知，甚至很多人误认为联想会让一个人思维混沌。事实却恰恰相反，联想能力强大的人往往思维更灵活，记忆力更出众，逻辑能力增强。记忆的基本法则是将新的信息联系于已知事物。

为什么我们使用图像转码可以快速记住信息呢？因为具像词和图像已经建立了联系，比如说到苹果，你脑海里会马上想到具体的物体，图像词和文字本身已经形成了固有联系。要成为文字记忆高手，得学会将抽象文字和图像建立联系，然后通过反复使用这些抽象词汇的图像代码将它们也变成固有联系，这个过程就像熟悉一门新的语言——记忆的语言。

配对联想训练

心理学家研究发现，任何事物经过几个阶段性的联想后都能发生联系，为了让两件事物发生联系，我们必须借助一些辅助性事物来成功联系它们，下面我们来做一个记忆的配对联想训练示范：

铅笔——灯泡　邮票——鱼　钻石——香烟　书——裙子

汽车——狗　线——纸张　手提箱——纸牌　烟灰缸——电视

椅子——枪　包子——大象

联系：

铅笔——灯泡　联系：用铅笔写作业，写作业需要灯泡照明。

邮票——鱼　联系：邮票的邮和游谐音，鱼在水里游。

钻石——香烟　联系：钻石联系到求婚要用钻戒，给钻戒的是男人，男人一般爱抽香烟。

书——裙子　联系：书中自有颜如玉，美女穿裙子。

汽车——狗　联系：坐公共汽车回家，狗是看家的，共同点是家。

线——纸张　联系：小学的作业本子上有线和纸张。

手提箱——纸牌　联系：纸牌会用于赌钱，手提箱里面会有钱包，钱包里装着钱。

烟灰缸——电视　联系：电视在客厅，客厅的茶几上面一般都有烟灰缸。

椅子——枪　联系：枪杀人，人每天坐椅子。

包子——大象　联系：包子是白色的，象牙也是白色的。

在跟朋友聚会的时候，我们可以做这个记忆训练的小游戏，毕竟只需要一点点的想象力。这个游戏的规则是把任何不相干的事情逻辑关联起来，中间联系的步骤越少越好。

这个记忆训练可以锻炼我们的思维发散能力和逻辑关联能力，同时也可以提升我们的注意力，当我们在做联系的时候，我们的注意力会被吸引到信息上。

第五节　记忆思维的演变

记忆术学习过程中思维的演变：从整体到单独的部分，再从单独到整体，最终单独和整体兼容使用。

每个东西都是由各种部分组成的，如人体由大脑、脖子、手臂、身体、大腿、脚等各种部分组成，一个句子由词汇和字组成；段落由句子组成；文章由段落组成，任何数据都是由10个阿拉伯数字组成的。

通过组合有限的元素，并且改变元素的顺序，就构成了无限的元素组合。信息即元素的组合。

在记忆一篇文章的时候，你首先在脑海中牢记片段的顺序，然后再记忆每一个片段的精确内容。记忆术前期的训练是从整体到单独的部分去熟悉元素，后期利用左脑的逻辑功能帮助自己更简化地去记忆，很多信息其实是一个意群，一个意群之间的信息是可以用一个整体图像代替来解决的，比如："这本书中有很多元素吸引读者继续读下去"这句话，我看到的瞬间是一个整体的图像画面：一本漫画书上有很多插画和对白，插画和对白是两个吸引我这个读者读下去的元素，例如记忆犹太家训"要和他人保持不同的立场"这句话，可以通过想象吃东西放辣椒和不放辣椒这个整体的事件去记忆它，因为这是同一件事不同的人不同立场的做法。

如果你学会娴熟地使用意群去转换图像记忆一句话，证明你已经完成了从单独到整体的蜕变，最终你又会发现有的信息用整体性思维更好解决，有的信息用单独的思维更好解决，这时候你已经达到无招胜有招的境界了。

事物之间有着某种天然的逻辑联系，在这个时候，我们就可以利用这些天然的逻辑联系来减少图像量，从而达到左右脑平衡记忆。

在使用整体思维的时候，我们发现很多图像亦或整体事物是类似的，这时候我们需要一种技能来区分它们，就是观察。

世界上没有两片一样的树叶，我们要能观察图像的独特特征或者组合画面的不同来帮助我们记忆信息，比如机器猫和其他猫是有很大差别的，机器猫吃铜锣烧和机器猫游泳是同一个事物组合成的不同画面，那么我们记忆的信息就不会混淆。

creative activities work

project mission   success social vision team

第五章

记忆术进阶学习

第一节　记忆术基本功发散训练

在记忆长信息的过程中，我们需要大量地使用桩子。记忆带有逻辑关系的信息的时候，我们要把抽象信息发散成现实中类似的事物或者事件，那么这需要我们有强大的发散思维能力。所以发散训练主要涉及两个重点能力的培养：1.寻找桩子的能力；2.转化抽象信息的能力。

普通人看到烟的时候，只会想到烟就过去了。记忆高手会想到和烟相关的很多事物，比如：火柴、打火机、烟盒、烟灰缸等。

桩子需要满足两个核心条件：各异的图像和熟悉的顺序，现实中我们已知了很多事物，然后通过这个事物发散出和它有逻辑关联的事物是很容易记住顺序的。然后我们熟悉一下自己发散出来的相关事物的排序就可以用它们来记忆新信息了。

记忆示范

记忆桩子：烟+发散桩子：火柴，打火机，烟盒，烟灰缸（按照物品大小逻辑排序）。

背诵内容：汉皇重色思倾国，御宇多年求不得。杨家有女初长成，养在深闺人未识。天生丽质难自弃，一朝选在君王侧。

图像定桩记忆：

烟：流汗的皇帝在抽烟看着倾国倾城美女的照片（汉皇重色思倾国）。

火柴：郁郁寡欢的林黛玉求别人给她一根火柴却不能得到（御宇多年求不得，御宇=郁郁寡欢）。

打火机：一个女孩出掌打成年人，这个每天要养家的成年人在使用打火机（杨家有女初长成，杨家=养家，女初长=女孩出掌）。

烟盒：一个女孩在深闺里面喂别人食物，食物装在烟盒里（养在深闺人未识。人未识=喂别人食物）

烟灰缸：一个天生丽质的女明星被男孩子抛弃，这个女子吃着一个枣子倒在君王的侧面，枣子核被放在烟灰缸里面（天生丽质难自弃，一朝选在君王侧，难自弃=男子抛弃，一个枣子=一朝）。

内视觉想象出图像，然后用发散而成的桩子回忆以上诗句，对于记忆技巧的强化理解：用已知的图像序列去记忆未知信息，我们的记忆像一张不断扩散出去的网，而不是局限于事先背下的大量地点桩。

发散范例

莲蓬头——浴巾，沐浴露，洗发精，浴缸，梳子（洗澡逻辑相关的物品）

鞋子——袜子，鞋带，脚掌，指甲剪，足球（脚逻辑相关的物品）

手——手机，手套，戒指，纸巾，手镯，手铐（手逻辑相关的物品）

狗——狗链，狗粮，骨头，狗毛梳子，狗笼子（狗逻辑相关的物品）

铅笔——橡皮擦，涂改液，文具盒，尺子，圆规，量角器（铅笔逻辑相关的物品）

用笔在白纸上写下这几个物品开始思维发散相关物品，并且用它们去记忆新的信息。

老鼠

_____

_____

_____

显示器

_____

_____

_____

拖鞋

_____

_____

_____

匕首

_____

_____

_____

气球

_____

_____

_____

第二节　联结的技巧

发现联结：寻找信息中符合逻辑的、符合我们过去人生经验的联结，也叫自然联系，或者将信息处理成符合我们人生经验的联系，达到不记而记效果的一种联结方式。

范例

帽子——水

发现联结：帽子下面会有头发，头发每天都要用水洗。

人民——代表——大会

发现联结：人民选出代表，代表参加大会。

制造联结：将信息编码成图像，然后图像之间发生联系如动作，融合等。

鼓励——形式

制造联结：朱古力（鼓励=朱古力）被圣斗士星矢（星矢=形式）

吃了。

可以自己找一些抽象词汇和图像词汇进行发现和制造联结记忆信息来提升联结能力。

发现联系可以帮助我们更高效地记忆单词。

范例

cage 笼子——月（c）亮放在年纪age（age 年纪）大的笼子里。不符合逻辑的联结，回忆保持率低。

cage 笼子——擦个（cage）笼子。符合逻辑和人生经验，回忆保持率高。

发现联系的前提：1.观察，2.想象，3.逻辑关联。

Interact；相互作用。先观察单词可以发现act是行动的意思，act是一个旧单词，inter想象为英特网，现在发现联结为：Interact 相互作用——inter英特网上的聊天行为act起到相互沟通的作用。

让联结成为符合我们过去的人生经验的事物利于我们的记忆，不断提升我们的观察能力也有助于我们的记忆。福尔摩斯说：世界上没有新事物，只是历史的不断重演。如果我们能从新信息中找到和过去人生经验一致的联想，那么就可以达到不记而记了。

发现联系记单词范例

queer 奇怪的，异常的——缺que席宴会的儿er子奇怪地失踪了。
chief 首领——首领吃chi喝应酬多易ef发福。

mount 积累——谋mou生的男童nt积累钱财。

snake 蛇——蛇s（s象形蛇）是那na么的可ke怕。

sell 销售——红se色的筷ll子（ll象形编码筷子）要销售出去。

发现联系的难度比制造联系要大许多，如果不能发现联系，就不要浪费太多时间直接制造联系记忆。

制造联系记单词范例

lean 倾斜，屈身——过来了le一个人给俺an屈身鞠躬。

tragedy 悲剧——我太投tr入看一a个ge电影dy，结果是悲剧，看哭了（tr是投入的缩写，dy是电影的缩写）。

select vt. 选择，挑选，选拔——色se狼选择了le一个餐厅ct吃饭。

found 创立——我要否fou定你的nd理论，创立一个新的理论。

第三节　记忆术基本功之逻辑联想法

逻辑联想法是利用我们的人生经验将信息联结起来记忆的一种技巧，逻辑联想通常以相关和因果关联为出发点进行联结，辅以记忆当事人的人生经验以熟记新，所以逻辑联想必须符合逻辑，并且信息之间的逻辑关联越强，记忆效果就越出众。在记忆应用材料的时候，逻辑联想占的比重是最大的。

也许你还不清楚什么是逻辑联想法，下面我示范记忆一句话的几个关键词。

政治里面有两个潮流，一个是自由底潮流，一个是秩序底潮流（孙中山语）。

这句话有三个关键词：政治、自由、秩序。自由和秩序之间有没有逻辑联系呢？有了秩序，人就不能自由。然后前面的政治，谁来定秩序？政治家例如宰相来制定秩序如法律法规。我相信聪明的读者应该发现其中的逻辑关联并记住这句话了。

逻辑联想法记忆信息范例

问题　目标　作业　期望　反馈　外部奖赏　表扬　学习　竞争

逻辑分析：以上内容和教育有关，可以教育这个逻辑区域为联想的起点进行联结。

逻辑联想记忆：我上课问问题（问题），问问题的目标（目标）是老师，因为老师布置的作业（作业）题目太难了，我期望（期望）他帮我解答，老师回答反馈（反馈）你。回答问题后，老师得到你的奖赏（外部奖赏）棒棒糖一根，还竖起大拇指表扬（表扬）老师，周围的同学们是你的学习竞争（学习竞争）对手。

当我们碰到的信息之间处于同一个逻辑板块的时候，逻辑联想记忆会发挥奇效，逻辑联想和锁链法的区别是不再单纯地利用动词作为记忆胶水将信息衔接起来。

逻辑联想法你怎么记？

问题 目标 作业 期望 反馈 外部奖赏 表扬 学习竞争

_____

_____

_____

一级建造师知识点逻辑记忆范例

国产非标准设备价格组成：材料费 加工费 辅助材料费 专用工具费 废品损失费 配件费 包装费 利润 税金 设计费

逻辑分析：内容涉及材料和施工，可以找现实中施工对应的画面。

逻辑联想记忆：我在家装修房子，装修工人问我要油漆的材料费（材料）和手刷油漆的加工（加工）费，给了以后我递给他刷油漆的辅助材料（辅助材料）梯子，他爬上梯子拿出专用工具（专用工具）电钻往墙壁上打洞，这时候钻头突然坏了是废品损失（废品损失），换上新配件（配件）新钻头，新钻头从尼龙包装（包装）袋中拆出来，这个买来的钻头的商家是有利润（利润）的，装修队每个月都要交税金（税金）给税务局，装修队是从事室内设计（设计）工作的人。

你怎么记忆？试一下。

_____

_____

_____

_____

_____

巧用生活画面记忆以上信息，因为信息之间存在自然联系，存在自然联系的时候使用生活画面会事半功倍，而使用谐音图像扭曲逻辑反而不那么适合，不同的材料使用不同的记忆策略是应用记忆的一个窍门。

合同法记忆范例

（1）合同双方单位名称；

（2）工程名称和地点（或桩号）；

（3）施工范围和内容，工程数量；

（4）开、竣工日期；

（5）工程质量保证体系及保证方法；

（6）工程造价；

（7）工程价款的支付、结算办法；

（8）双方责任、权利及违约责任；

（9）工程意外事项等。

逻辑联想记忆：

签合同，双方单位的领导人一定会坐下在合同上写自己单位的名称（合同双方单位名称）。

签合同要找一个地点签，比如咖啡店，合同的工程是什么名称比如修建×××楼房一定要写到合同上去（工程名称和地点）。

工程施工一定有 一个施工范围，即工地，施工范围内会容纳一定数量的工人，工程数量想象工人需要修建房屋的数量（施工范围和内容，工程数量）。

开工之后就一定会竣工，竣工一定会有日期（开、竣工日期）。

竣工之后一定要检查质量，通过质检员检查来保证房屋的工程质量，保证的方法是质检员做实验，比如：锤子敲墙壁检测墙壁质量（工程质量保证体系及保证方法）。

检查完工程质量，如果合格，老板就必须按照工程造价支付材料费用和工钱给工人了（工程造价）。

支付工资的时候，农民工来结算自己的工钱（工程价款的支付、结算办法），结算办法可以想象用支付宝或者微信转账。

合同双方有责任：1. 建设方工人负责建立好工程。2. 承包工程方的领导不能拖欠工人工资。拿工资是工人的权利，可是建设方建设工程逾期完工违约了就必然要负责赔偿（双方责任、权利及违约责任）。

赔偿的时候如果工人和领导因为口角打架会在工程的工地上发生意外事项（工程意外事项）。

通过将信息进行逻辑联系，信息就会变得好记，这些事物之间也许本身并没有联系，但是你强行加上一个逻辑联想联系之后，它就变成了一个具有前因后果关联的事件，就像电影画面一样容易记忆，而独立的几个事物是很难记忆的。

条文记忆范例

第七十六条　下列事项由业主共同决定：

（一）制定和修改业主大会议事规则；

（二）制定和修改建筑物及其附属设施的管理规约；

（三）选举业主委员会或者更换业主委员会成员；

（四）选聘和解聘物业服务企业或者其他管理人；

（五）筹集和使用建筑物及其附属设施的维修资金；

（六）改建、重建建筑物及其附属设施；

（七）有关共有和共同管理权利的其他重大事项。

逻辑联想记忆：

业主委员会开会会有一定的议事规则比如发言顺序从老大开始（制定和修改业主大会议事规则），业主委员会成员工作的办公室是建筑（制定和修改建筑物及其附属设施的管理规约），办公室里会有其附属设施比如水龙头。业主委员是通过选举选出来的，选出来的业主委员会成员会更换原来的老委员（选举业主委员会或者更换业主委员会成员），新的业主委员会上台的第一件事是选聘解聘物业服务企业（选聘和解聘物业服务企业或者其他管理人），业主委员会工作的核心是筹集资金然后用这些资金维护小区的各种建筑物和设施（筹集和使用建筑物及其附属设施的维修资金），彻底坏掉的建筑物和附属设施就改、重建（改建、重建建筑物及其附属设施），筹集的资金由大家一起管理（有关共有和共同管理权利的其他重大事项）。

第四节　记忆术基本功之逻辑推理记忆信息

我们的左脑擅长推理信息之间的逻辑关系记忆信息，当然有很多信息是不能快速找到规律的，甚至没有规律，这时候的万能模式就是用图像记忆去解决它们。

如何用逻辑推理记忆信息呢？

建设工程项目质量形成的影响因素：人的因素，技术因素，管理因素（主要是决策因素和组织因素），环境因素，社会因素。

想象一个桥梁建设工程质量会受到雨水的（建设工程项目质量形成的影响）影响，建设桥梁必须要有人（人的因素），人必须有技术（技术因素）否则不会让你去建设，人必须被管理（管理因素）者管理起来，不然他们会偷懒从而增加建造成本，管理者包工头必须在桥上这个环境（环境因素）范围内管理工人，环境是社会（社会因素）的一部分，因为环境无非是自然环境和社会环境。

当你发现了上面信息内部的逻辑联系后，就可以层层逻辑推理记忆了。

第五节 记忆术基本功之故事法

故事法是把要记的抽象信息的关键词编成一个故事串联起来，在脑海里想象出故事画面，和故事发生的背景场景。这里我要提醒一下很多新手将故事法误解成为随意编故事，这是不合理的，因为故事法这个名字误导了很多记忆新手，实际上故事法应该是将陈述性信息转化成为描述性画面的故事，这样符合人脑的记忆原理：容易记住图像和联系，故事法相当于将锁链法和逻辑联想合并起来使用。

故事法的要点：减少不必要的陈述性内容，尽可能用图像画面描述去代替需要记忆的抽象信息。

穴位故事法记忆训练范例

睛明　攒竹　眉冲　曲差　五处

记忆：清明节上坟（睛明=清明），赞助死人钱（攒竹=赞助），没充话费（眉冲=没充），手机停机去查账（曲差=去查），五个手指到处（五处=五处）按号码。

编制故事要从逻辑相关和符合因果关系这两个主要角度去编制。

change 改变——嫦娥Change改变外貌化妆。

点评：不必要陈述很少，优质联结。

change 改变——窗户ch上安an装一个ge新的玻璃，改变了原来的窗户。

点评：不必要陈述稍多，但是逻辑性不错，一般的联结。

change 改变——吃货ch走进一a个门n，改变了一个ge发型，进入理发店。

点评：不必要陈述过多，具有逻辑性，减少不必要陈述技巧：拆分版块加大如chang=嫦。

记忆单词的时候，主要使用的一般都是故事法，但是记忆新手拆分会比较零散，或者逻辑性差，或者根本没有画面等都会导致记忆率的低下。还有一些记忆新手不断去看记忆联结的文字描述如：嫦娥Change改变外貌化妆。他们会在心中不断默念联结，却没有做内视觉想象画面这件事，导致最终记忆率的低下，毕竟想象图像是重中之重。

Manage 经营——男人Man经营一a个ge商铺。在想象这个联结的时候除了用故事法去造句，我还想象了一个老男人在店铺里面卖包子的画面，包子很烫。

高中政治记忆范例

"三个代表"重要思想，具体内容为中国共产党始终代表中国先进生产力的发展要求、代表中国先进文化的前进方向、代表中国最广大人民的根本利益，是我们党的立党之本、执政之基、力量之源。

关键词：三代=带伞；先进生产力发展=先生发；文化前进方向=飞奔过来买书（书指代文化；飞来指代前进方向）；利益（人民利益）；党本（当笨蛋）；政基=真墨迹；力量=手拿书

故事法记忆：带着雨伞（三代）的先生甩甩头发（先生发），飞奔过来买一本书（文化前进方向），付出人民币，书店老板获得利益（人民利益），不看书要当笨（党本）蛋，先生一边回家一边看书真墨（政基）迹，手拿书要力量（力量）。

熟读信息后将信息的关键提取出来，然后用故事法串联画面，画面逻辑性尽可能强，然后通过画面复述出原文。

会计知识故事法记忆训练范例

会计信息质量的要求：可靠性，相关性，可理解性，可比性，实质重于形式，重要性，谨慎性，及时性。

故事法记忆：快递小哥根据快递的质量多重的信息（信息质量）收费，快递小哥送货上门可以靠（可靠性）墙壁休息一会儿，快递要送到相关的收货人手里（相关性），收货人理解（可理解性）快递小哥夏天送货的劳累递给他一杯冰水，冰水可比（可比）普通水爽多了，收货人是个美女，脸上化妆很浓，化妆浓是形式重于实质的表现（实质重于形式），收到货最重要（重要）的是检验有没有损坏，谨慎（谨慎）地撕开包裹，及时（及时）签名收货。

故事法侧重于利用故事的逻辑性和画面结合记忆信息，锁链法侧重于通过图像动作联结记忆，故事法和锁链法的共同点都是不要一次性串联太长的词汇，追求深度记忆一个个小板块，而不是一次性盲目贪多地去串联记忆信息。

你怎么记？

可靠性，相关性，可理解性，可比性，实质重于形式，重要性，谨慎性，及时性。

_____

_____

_____

_____

第六节　记忆术基础训练：抽象词汇串联

我们学习了锁链法+故事法+逻辑联想法，真正的实战中，我们必须综合地去使用它们串联信息中的关键词，而这些关键词都是抽象词，所以记忆的基础训练就是：抽象词汇串联。读者可以每天从书籍中挑选5~10个词汇来进行记忆串联训练。

政治　法治　控制　压制　管理　交上

抽象词转码：政治=贞子；法治=法师；控制=孔子；压制=鸭子；管理=罐里=罐子；交上=脚上=鞋子。

锁链法串联：贞子（政治）咬着法师，法师（法治）和孔子（控制）握手，鸭（压制）子飞到孔子头顶，用罐（管理）子盖住鸭子，罐子被鞋（交上）子踩碎了。

总结：用内视觉想象锁链法的图像画面，然后根据图像回忆出要记忆的信息。

你来试一试?

政治　法治　控制　压制　管理　交上

_____

_____

_____

_____

抽象词训练范例

劳保　审计　其他　上级　银行　物资　消防　环保　卫生

故事法串联记忆:老保姆(劳保)身边围着很多小鸡(审计)在弹吉他(其他),保姆是它们的上级(上级)给它们喂食,喂完老保姆掏出银行(银行)卡,五指(物资)抓着银行卡准备出门取钱,这时候门口一个消防(消防)车向她撞了过来,消防车灭火是去环保(环保),火灾现场一般很脏不卫生(卫生)。

总结:消防车一定是去做环保工作的,火灾现场一定不卫生,这里不需要再出图,逻辑联系就可以记住了。

你来试一试?

劳保　审计　其他　上级　银行　物资　消防　环保　卫生

_____

_____

_____

_____

意识　实践　客观实在性　本质　局限性

逻辑联想记忆：打篮球（意识）好要多（实践）去打篮球，身体是（客观）条件如身高，每天训练（实在）辛苦，一个人逃避训练反应了他懒惰的本质（本质），教练把篮球馆的门锁起来把大家局限（局限性）在里面进行训练。

你来试一试？

意识　实践　客观实在性　本质　局限性

_____

_____

_____

_____

根据抽象词汇的逻辑属性出图记忆范例

诉讼的特性：1. 国家的强制性；2. 严格的规范性；3. 过程的正当性；4. 效力的终局性和权威性；5. 成本相对昂贵性。

词性串联记忆：一个人杀人，国家的警察强制性（国家的强制性）

将他送上了法庭，法庭有严格的规范性（严格的规范性），犯人必须穿上囚服，犯人审判的时候举手申请上厕所过程是正当的（过程的正当性），最后法院判处终生监禁不得上诉，效力是终局性（效力的终局性）不会再审，法官是法院最权威（权威性）的人，请法官来审案国家需要付昂贵的工资给他，所以成本相对昂贵（成本相对昂贵性）。

你来试一试？

诉讼的特性：1. 国家的强制性；2. 严格的规范性；3. 过程的正当性；4.效力的终局性和权威性；5 成本相对昂贵性。

_____

_____

_____

_____

安全技术措施记忆示范

安全技术措施计划的范围包括：改善劳动条件、防止事故发生、预防职业病和职业中毒。 安全技术措施包括：职业卫生措施，辅助用房间及设施，安全宣传教育措施。

分析：这个信息是和工作中的安全问题相关的，可以借助工作中和安全相关的逻辑画面来记忆，如果你训练过以抽象词的逻辑属性出图就会如鱼得水了。

记忆图像联结：病房中，为了改善劳动条件，我把扫地的扫把换成了吸尘器（改善劳动条件）搞卫生，这时候病房里的老人要下床上厕所，为了防止事故发生（防止事故发生）老人摔倒，我上去扶着他去，我是一个程序员有职业病因为没预防导致现在腰椎痛在捶背（预防职业病），老人上完厕所吃东西突然食物中毒（职业中毒）呕吐了，中毒后我采取的安全技术措施就是给老人洗胃（安全技术措施），然后用卫生纸（职业卫生）给他擦一下嘴巴，再去病房的辅助用房间厕所里用水龙头（辅助用房间及设施）洗手，看到厕所的墙壁上有禁止吸烟的宣传画，这是一个安全教育宣传的措施（安全宣传教育）。

总结：一定要通过内视觉想象出要记忆信息的画面，然后回忆出具体信息。

你来试一试?

安全技术措施计划的范围包括：改善劳动条件、防止事故发生、预防职业病和职业中毒。 安全技术措施包括：职业卫生措施，辅助用房间及设施，安全宣传教育措施。

_____

_____

_____

_____

第七节　记忆术之词性串联训练

什么词性记忆训练呢？当我们记忆一连串抽象词的时候，是根据这个抽象词的逻辑属性去进行联想串联出图，而不是谐音，这种训练的好处是可以更好地保护好材料本身的逻辑性，并且逐步延伸到可以将一个句子转化成图像的能力。

假设我们看到"无视"这个词，它是一个抽象词，我们尝试用它本身的词义画面表现无视，比如一个人无视公众的眼光在大街上大便的画面，我将大量的抽象词以一种逻辑图像的形式来呈现，不破坏这个词汇的逻辑属性，针对这个词的逻辑性质出图。

抽象词词性串联记忆示范

坚持　胜利　执着　道德　挑战　发展　情况　特殊　模仿

坚持：持续的行为。

胜利：击败某个事物或者人。

执着：必须达到目的决心。

道德：一种对行为进行约束的观念。

挑战：两个人一方主动发出竞争。

发展：扩容或者事件持续变化中的行为。

情况：被发现一种状态。

特殊：一个事物的独特的地方。

模仿：做出和他人类似的行为。

在抽象词的描述很熟悉的情况下，使用人物+动作+物品，带有逻辑词性的词都是一场表演。

人物：我

逻辑串联：我不断跑3000米是一个坚持（坚持）的过程，击败对手胜利（胜利）第一个到达终点，3000米需要执着（执着）的精神品质，跑步的时候咬牙坚持到底，对失败者竖中指羞辱对方是不道德的，失败者上来挑战（挑战）推搡我，战斗发展（发展）扭打起来了，我发现了特殊的情况（情况）：对方是个瘸子，瘸子是一个人独特的身体特点（特点），于是模仿（模仿）他一瘸一拐走路的状态嘲讽他。

词性串联训练范例

当然　沉重　持久　猜测　故意　沉着　知道　反应　共同　关键
管制　合格　积极　紧急　机会

词性串联画面：我背着一个巨大的包袱，当然（当然）很（沉重）沉重，但是我持久（持久）地背着它去远方，这时候下小雨了，我猜测（猜测）雨会变大我躲在屋檐下，这时候一个老奶奶故意（故意）倒在马路上，我很沉着（沉着）冷静不过去扶，因为知道（知道）她是碰瓷的。我对老奶奶的摔倒毫无反应（反应），这时候看到几个路人共同（共同）把她扶了起来，老奶奶撒泼打滚跟他们索赔，关键（关键）是我拍了路人扶她的录像作为证据让她无法索赔。警察把老奶奶铐起来管制（管制）一下骗子，手铐质量合格（合格）无法挣脱，老奶奶在看守所态度很积极（积极），每天扭秧歌喜笑颜开，突然她遇到紧急（紧急）情况要尿尿，没有机会（机会）上厕所就地解决了。

来试一试？

_____

_____

_____

总结：根据词性出图，不采用谐音，当然使用的前提是这个词是有词义的，比如一个人的名字是没有实际含义的，比如，政治=贞子，陈一凡=衬衣领子翻出来，这种没有明显词性的词汇或者人名就直接谐音出图，不要拖泥带水浪费时间，而比如管理这种词，逻辑词义是：1. 将一个事物安置在某个位置；2. 管理者对事物和人的控制手段。同一个词的词义有可能是多元化的。在实战过程中，我发现有词义的词并不是特别多，所以一定时间是可以速成这种技巧的。

词性训练是为了帮助句子快速出图做铺垫的，当你做多了词性串联，句子图也会快起来，我们可以继续多做几个词性训练。

防御　发生　意外　方便　混合　规劝　局面　借助　拒绝　理由　强迫

词性串联画面：我用盾牌防御（防御）长矛的攻击，这时候发生（发生）了意外（意外），盾牌被捅破了，烂盾牌用起来不方便（方便）所以我丢掉了，我和很多兵混合（混合）在一起从战场逃回来了，士兵队伍中两个人因为小事打起来，我上去规劝（规劝）拉开他们，局面（局面）是双方借助（借助）兵器攻击对方，他们摇头拒绝（拒绝）停止战斗，理由（理由）是其中一个人强迫（强迫）对方下跪。

你来试试？

防御 发生 意外 方便 混合 规劝 局面 借助 拒绝 理由 强迫 素质

_____

_____

_____

_____

伪装 虚拟 没收 预置 继续 转变 照料 支持 周围 引导 动态

词性串联画面：我戴上面具（伪装=面具）在玩虚拟（虚拟）的网络游戏，妈妈没收（没收）了笔记本电脑不给玩，我预置（预置）安眠药放在水中让妈妈吃后睡着，这样可以继续（继续）玩游戏，妈妈醒来以后对我态度（转变）转变了，不没收电脑了，还照料（照料）我给我做好吃的，竖起大拇指支持（支持）我玩游戏，妈妈坐在我的周围（周围），我很开心地用手指引导（引导）妈妈看动态（动态）的游戏画面。

你来试试？

伪装 虚拟 没收 预置 继续 转变 照料 支持 周围 引导 系列

_____

_____

_____

_____

屈服　期待　迁移　全部　欺辱　商讨　设想　退出　完毕　脱离
协助　需求　信任　宣布　显示　一致　依然　严重

记忆：犯人被警察抓住屈服（屈服）下跪了，坐牢期待（期待）自己早点出去开始摇牢门，犯人被迁移（迁移）到另外一个牢房，全部（全部）的人都上来欺辱他（欺辱）打他，打完他牢房里的人在开圆桌会议商讨（商讨）如何越狱，设想（设想）挖地道跑，每天夜里进去挖地道，早上退出（退出）来，地道挖完毕（完毕）后，大家一起逃跑，脱离（脱离）了牢房，警察在警犬的协助（协助）下把他们抓了回来，警犬饿了需要（需求）狗粮吃了起来，这些被抓回来的犯人不被狱警信任（信任）了，24小时在门口监视，预警进来宣布（宣布）越狱人员名单，然后把他们关进单间牢房，犯人面部表情显示（显示）一致（一致）都很不满，他们依然（依然）想越狱，情节严重（严重）被狱警击毙了。

你来试试?

屈服 期待 迁移 全部 欺辱 商讨 损失 设想 退出 完毕 脱离 协助 需求
信任 宣布 显示 一致 预知 依然 严重

_____

_____

_____

_____

句子的词性记忆范例

时间对于每个人都是公平的，无论是胸怀大志的人，还是碌碌无为者，都不能使一天变成四十八小时，有志者使时间产生了效率，而无为者使时间白白流失。有的人喜欢用延长工作来追求效率，但是人的精力毕竟是有限的，睡眠和社交都是必不可少的，一个人不可能总是"废寝忘食"。其实，提高效率，便是延长了时间的相对数量。八小时内做出十小时、十二小时的工作，还不是珍惜时间、延长生命的积极反应吗？在步入信息社会的当今世界，我们"惜阴"如果仅仅停留在延长工作上，就会跟不上时代步伐。

现在我开始将信息转化成一个逻辑贴近的描述性画面：

时间对于每个人都是公平的，

图像转化记忆：把时间比喻成手表，给两个人一人一块手表就是对每个人都是公平的。

你怎么记？

_____

_____

_____

_____

无论是胸怀大志的人，还是碌碌无为者，

句子词义图像记忆：一个猫看镜子把自己想想成老虎，碌碌无为和胸怀大志相反可以逻辑推导出来。

你怎么记？

_____

_____

_____

_____

都不能使一天变成四十八小时，

图像转化记忆：石板上贴着挂历（挂历一页代表一天，石板=48）

你怎么记？

_____

_____

_____

_____

有志者使时间产生了效率，无为者使时间白白流失。

图像转化记忆：一个人跑步送东西给别人很效率，然后睡大觉无作为还让时间白白流失。

你怎么记?

_____

_____

_____

_____

有的人喜欢用延长工作来追求效率,

图像转化记忆:熬夜加班工作的人把工作更快做完,为了追求办事效率延长工作。

你怎么记?

_____

_____

_____

_____

_____

但是人的精力毕竟是有限的,睡眠和社交都是必不可少的,

图像转化记忆:熬夜加班的人精力毕竟是有限的,到了凌晨他眼皮都睁不开了,睡觉是必不可少的所以他上床睡觉了,醒来第二天出去社交打高尔夫球。

你怎么记?

_____

_____

一个人不可能总是"废寝忘食"。

　　图像转化记忆：马云一个人打篮球总是废寝忘食，中午饭送来也不吃。

　　你怎么记?

　　其实，提高效率，便是延长了时间的相对数量。

　　图像转化记忆：当我们洗苹果的时候把水龙头水拧大一些就提高了洗苹果的效率，在同一时间内洗的苹果更多就延长了单位时间内洗苹果的相对数量。

　　你怎么记?

　　八小时内做出十小时、十二小时的工作，还不是珍惜时间、延长生命的积极反应吗?

句子词义图像记忆：巴士（八小时）上十个（十小时）手指握着方向盘的婴儿（口=婴儿）在做开车的工作，珍惜时间（珍惜时间）一边开车一边吃饭，结果出车祸缩短了自己的生命撞车了（延长生命的积极反应，逻辑相反）。

你怎么记？

_____

_____

_____

在步入信息社会的当今世界，我们"惜阴"如果仅仅停留在延长工作上，就会跟不上时代步伐。

图像转化记忆：步入信息社会的当今世界可以想象去网吧上网的画面，网吧代表信息社会，农民工不停留在延长工作搬砖上，而是下班赶紧去学电脑，为了跟上时代的步伐学习电脑上网。

你怎么记？

_____

_____

_____

在实操记忆整段文字的过程中，要搞定三件事情，第一件事是将句子转化成图像，第二件事是句子和句子之间的画面衔接，第三件事情是一次尽量不要串联太长，否则句子之间容易掉链子。

第八节　记忆术基本功之归纳简化

因为文字信息的量非常大，所以我们记忆信息的时候必须对信息进行压缩，把重点信息找出来，将同类的信息归纳在一起记忆可以节省记忆的工作量，对很熟悉的信息进行简化压缩，比如政治中的：社会主义现代化=社主现=色猪仙=猪八戒，记住一个原则：如果你对一个信息很熟悉，你可以把它压缩成很小的信息量再转码成像记忆，这种归纳和压缩的方法我称之为归纳简化，是应用记忆的基本功。

平时出门要带：身份证、手机、钥匙、钱包。

压缩首字记忆：伸（身份证）手（手机）要（钥匙）钱包（钱）。

医学名词记忆范例

纤维结缔组织、纤维组织细胞、脂肪组织、平滑肌组织、横纹肌组织、管组织、淋巴管组织、骨组织、软骨组织、滑膜组织

分析：信息中反复出现很多次的"组织"这个词，重复信息删略不记，纤维结缔组织和纤维组织细胞中的纤维组织也是重复的，删略后只记忆一次即可。

故事法记忆：树叶纤维上站着一对姐弟（纤维结缔组织），两人是一个家庭组织，姐弟两拿着喜报（组织细胞），喜报里掏出一块肥猪肉（肥肉=脂肪），平面滑翔过来一只鸡（平滑肌）过来啄肥肉，鸡身体上

布满横条纹（横纹肌），鸡的血管（管组织）爆裂流血，你过去把鸡的血管（淋巴管组织）包扎好。这时候你突然七窍流血，你摸摸鼻子上的骨头（骨组织）和耳朵上的软骨（软骨组织）检查是什么情况，却发现自己皮肤很滑（滑膜组织）。

总结：通过删除重复信息来压缩记忆量。

你怎么记忆？试一下！

_____

_____

_____

_____

十种幽默的语言技巧记忆范例

自相矛盾，偷换概念，曲解原意，夸大其词，机智仿答，一语双关，正话反说，出乎意料，答非所问，张冠李戴

提取信息的字头：自 偷 曲 夸 机 一 正 出 答 张。

故事法记忆：一个小子投篮进去夸（自 偷 曲 夸 机）自己投篮准，一个正准备出去打仗（一 正 出 答 张）的军人路过在看。

压缩字头信息，然后编码记忆。

余秋雨散文《山居笔记》记忆范例

成熟是一种明亮而不刺眼的光辉，一种圆润而不腻耳的音响，一

种不再需要对别人察言观色的从容，一种终于停止向周围申诉求告的大气，一种不理会哄闹的微笑，一种洗刷了偏激的淡漠，一种无须声张的厚实，一种并不陡峭的高度。

信息压缩：成熟 光辉 圆润 音响 从容 申诉 哄闹 偏激 厚实 陡峭

故事法记忆：成熟（成熟）的葡萄树在太阳光辉（光辉）的照耀下，葡萄园里面有一个圆形的音响（圆润 音响），我气定神闲（从容）地坐上去，发现身边都是树（申诉＝身边都是树），一群哄闹（哄闹）的小孩过来，手上拿着几片（偏激＝几片）树叶，小孩们跑到厚实（厚实）的墙壁边上，墙壁很陡峭（陡峭）。

短信息条记忆范例

信息分为：随机信息，过程信息，观点信息，具体信息，抽象信息。

压缩字头：随 过 观 具 抽＝水果罐巨臭（图像转化）

这个是我的一个律考学员做的联想，他习惯将法律信息压缩字头或者很少量的信息然后辅助以理解和机械记忆来记忆它们。

合同法记忆范例

1. 合同对专利申请权无约定的，完成发明创造的当事人享有申请权。

2. 合同对科技成果的使用权没有约定的，当事人都有使用的权利。

合同对专利申请权无约定的，完成发明创造的当事人享有申请权。

信息简化压缩：合同、专申、无约、完发、享申。

记忆：我拿着合同（合同）转身（专申），捂着月（无约）饼吃着，抚摸自己弯曲的头发（完发），我是相声（享申）演员郭德纲。

你怎么记忆？试一下

_____

_____

_____

_____

合同对科技成果的使用权没有约定的，当事人都有使用的权利。

简化：科成、使用、没约、当事、使权。

记忆：上课程（科成）使用（使用）书本，美女来学校和你约（没约）会，当事（当事）人使用全（使权）身力气过去拥抱美女。

你怎么记忆？试一下

_____

_____

_____

_____

高中历史题综合应用记忆范例

19世纪中后期，资本主义各国通过不平等条约割占中国大片领土。下列不平等条约全都涉及割占中国领土的是（　　　）。

A.《南京条约》《天津条约》《北京条约》《马关条约》

B.《南京条约》《瑷珲条约》《北京条约》《马关条约》

C.《南京条约》《中俄勘分西北界约记》《马关条约》《辛丑条约》

D.《南京条约》《黄埔条约》《北京条约》《中俄改订条约》

答案：B

信息也有可能考填空题，尽可能把答案都牢记住，重点信息简化：19后　资本主义各国　割中国土地　南京　瑷珲（aihui）　北京　马关条约。

故事法记忆：喝了一壶酒（19=一壶酒）之后，资本主义各国领导在割中国地图（割中国土地），这两个男人进入饭店喝酒（南京=男人进），搂着两个爱妃（瑷珲），爱妃把一杯杯酒喝进肚子（北京=杯进），酒店马上要关（马关）门了他们离开了。

第九节　口诀记忆

当我们对信息很熟悉并且信息中带有重复信息的时候，提取出关键字，然后编码成口诀可以帮助我们快速记住他们。

记忆范例

教育教学权　科学研究权　民主管理权　进修培训权　获取报酬权管理学生权

提取信息的首字：教科获管民进。

记忆：教课的老师帮民警拔火罐（教科民进获管）。

《民事诉讼法》民事证据包括：

（一）当事人的陈述；

（二）书证；

（三）物证；

（四）视听资料；

（五）电子数据；

（六）证人证言；

（七）鉴定意见；

（八）勘验笔录。

把以上信息提炼出民事证据口诀：人陈、书、物、视、电子、证人、鉴、勘。

图像转化记忆：人拿着陈旧的书（人陈、书），递给巫师（物、视），巫师在看电子（电子）书，她是个睁眼的人（证人）看（鉴、勘）见上面有很多字。

法律条文记忆压缩信息和借鉴事例记忆是两个惯用套路。

口诀整理窍门：整理口诀的时候尽可能押韵，押韵利于记忆。

口诀范例

与中国接壤的15个国家名称口诀

月娥姑娘（越南、俄罗斯）很腼腆（缅甸），

蒙着布单披仁毯（蒙古、不丹、哈萨克斯坦、塔吉克斯坦、吉尔吉斯斯坦），

度过稀泥（印度、老挝、锡金、尼泊尔）去朝鲜，

吧叽吧叽一身汗（巴基斯坦、阿富汗）。

地球特点

赤道略略鼓（迟到被虐的姑娘），两极稍稍扁（提着两只鸡在手边）。

自西向东转（洗东西旋转着洗），时间始变迁（十个手指捡便签）。

南北为纬线（男人背着危险的动物），相对成等圈（四目相对就等拳头被打）。

东西为经线（东西经=东西洗干净），独成平行圈（都城上涂着平行的线圈）；

赤道为最长（持刀为了追偿债），两极化为点（两人急了在电话里）。

口诀整理好之后，在脑海中内视觉想象出图像画面。

快速成功学习四大秘诀：模仿成功者、投资购买、组团讨论学习、传授他人。

提取信息的首字：模、投、组、传。

字头口诀故事记忆：魔（模仿成功人士）头（投资）拿着祖（组团讨论）传（传授他人）秘籍《葵花宝典》。

三十六计口诀范例

11. 李代桃僵；12. 顺手牵羊；13. 打草惊蛇；14. 借尸还魂；15. 调虎离山；16. 欲擒故纵；17. 抛砖引玉；18. 擒贼擒王；19. 釜底抽薪；20. 浑水摸鱼。

提取字头：李、顺、打、借、调、欲、抛、擒、斧、浑。

字头口诀故事：李（李）子顺（顺）手打（打）下来，借（借）主人被调（调）虎离山之际，一个人欲（欲）抛（抛）弃情（擒）妇（斧），结果她跟别人先结婚（浑）了。

政治记忆范例

政府的主要职能：

（1）保障人民民主和维护国家长治久安；

（2）组织社会主义经济建设；

（3）组织社会主义文化建设；

（4）提供社会公共服务。

提取关键字信息：1. 保民维国；2. 组经；3. 文建；4. 提公服。

记忆：保护人民（保民）的战士，喂过猪妖精（组经）八戒后看文件（文建），提着一件工作服（提公服）在拍打灰尘。

记忆训练

收入分配公平的要求、意义及促进收入分配公平的举措：

1. 是社会公平的基本内容；

2. 要求收入分配相对平等；

3. 与平均主义有着根本区别；

4. 中国特色社会主义的内在要求；

5. 共同富裕的体现；

6. 有利于让全体人民共享改革开放的成果。

寻找内容的关键字：

收入分配公平的要求、意义及促进入分配公平的举措（收分平、要、措）。

1. 是社会公平的基本内容（社公基内）

2. 要求收入分配相对平等（收相平）

3. 与平均主义有着根本区别（平主区）

4. 是中国特色社会主义的内在要求（特社内要）

5. 是共同富裕的体现（共富）

6. 有利于让全体人民共享改革开放的成果（利全人共改开果）

我已经将一些重点字、词标注出来了，你可以试着编制一些图像小故事来记住它们，完成这个记忆训练。

_____

_____

记忆宫殿：
一本书快速提升记忆力

第十节　绘图记忆法

绘图记忆法是指绘制一个图像或者借用一个图像来记忆信息的方法。

绘图调动我们更多的感官来帮助我们记忆，记忆方法无非使用内外视觉，而绘图法将它们同时使用起来帮助你记忆信息。

大脑特性：独特性、完整性、发散性、双重性、聚焦性、探索性。

记忆绘图：

独特性：这个人的外表很独特，鼻孔朝天。

完整性：这个人的头发秃顶，不完整。

发散性：这个人的头发是散开的。

双重性：这个人的耳朵是双重的。

聚焦性：嘴巴咀嚼东西吃。

探索性：人的鼻子可以探索气味。

我们还可以手绘很多图帮助我们速记信息，比如古诗、历史年代、政治、单词、各种行业考证知识点等。

英语单词绘图记忆示例

guide 导游——导游带你买
东西很贵（gui）的（de）

chance 机会——铲（chan）子
掉进（ce）所马桶，没机再用

Fare 票价——（fa）现热(re)
门电影的票价很贵

mania 狂躁——骂（ma）
你（ni）啊（a），狂躁吧

awake 醒着的，唤醒：一个a(a
一个)臭袜（wa）子可（ke）
以把你臭醒

polite 有礼貌的——没礼貌的
泼（po）妇女（li）气特（te）
别大还爱打人 [反义记忆]

snake 蛇——蛇 s（s 象形蛇）
是（na）么的可（ke）怕

chase 追赶——警察（cha）抓
(se) 色狼在追赶中

arouse 唤醒——美女穿着
一 a 条（a 一个）肉（rou）
色（se）袜子企图唤醒老公
的欲望

sell 销售——红 se 色的筷‖子(‖
象形编筷子）销售得好

adequate 足够的——一个 at 得（de）
去（qu）吃 ate（ate）宴席的女人
要是有足够的时间打扮自己

"经济周期"理论思维导图记忆

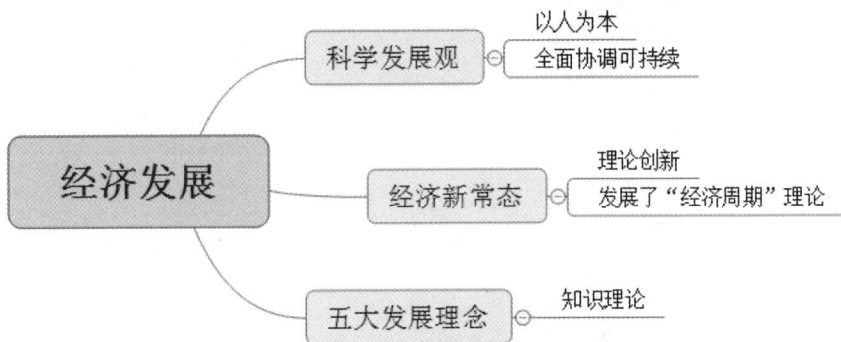

因本人绘图技术不佳，故找了一个现成的图像模板来帮助记忆，平时读者可以自行绘制，也可以偷懒百度搜图。

经济发展=经发=金发

美女头发记忆:

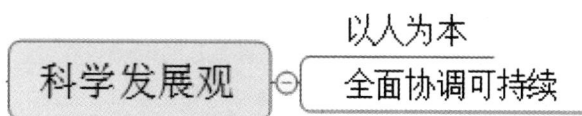

科学发展观 ○ 以人为本
全面协调可持续

头发——科学发展观——科发＝可以改变发型（谐音），以人为本，头发是人体为本长出来的。全面持续协调＝洗头发全面洗，持续流水，协调可以想象吹头发要协调着吹，每个地方都吹。

衣服记忆:

经济新常态 ○ 理论创新
发展了"经济周期"理论

衣服——经济新常态＝经新常＝经常新＝衣服经常穿新的（谐音），衣服设计师要设计出新的产品，必须懂得设计衣服的理论，经济周期＝卖产品会有经济周期，夏天短袖、裙子好卖，其他时候穿的少销售价格呈周期性涨跌。

五大发展理念 ○ 知识理论

美女的腿记忆:

大腿——五大发展理念＝五发＝腿无毛发，知识理论＝知理＝直立的腿站在地上。

第十一节　比喻记忆法

比喻记忆法就是把我们要记忆的信息比喻成生活中逻辑结构类似的事物。

我们都已经知道大多数的文字具有逻辑关系和内部规律，而不是独立存在的信息拼在一起，如果是独立信息的拼接，这种信息直接使用记忆术或者记忆宫殿强行记忆就可以了。

记忆的原则是用简单记忆复杂，把复杂的信息变成我们普通的生活，或者我们生活司空见惯的事物，记忆起来就会轻松许多。记忆时我经常会用到比喻法，比喻就是把抽象文字转换成类似的事物，他们就像平行线一样的关系，有着类似的形式，存在一些细微差别，比如记忆地球的结构就想象成鸡蛋，因为它有地壳、地幔、地核，类似于鸡蛋的蛋壳、蛋白、蛋黄。

古人经常会用一些比喻去阐述一些道理，例如：

瞎子点灯——白费劲；

飞机上打伞——一落千丈；

秀才遇见兵——有理说不清；

萝卜白菜——各有所爱；

早开的红梅 —— 一枝独秀；

泥菩萨过江——自身难保；

飞蛾扑火——自取灭亡。

这些比喻都是有含义的，而这些含义使用得好就可以用来记忆抽象文字。

NLP十二条假设比喻记忆范例

一、没有两个人是一样的。

比喻：两个人站在一起，差别很大肥瘦。

二、一个人不能控制另外一个人。

比喻：一个人控制网络游戏中的另外一个虚拟的人。

三、有效果比有道理更重要。

比喻：小孩子哭讲道理没用，用棒棒糖哄立马不哭有效果。

四、只有由感官经验塑造出来的世界，没有绝对的真实世界。

比喻：使用人的感官手堆一个城堡，这是自己感官塑造出来的世界，泥土堆积的世界是虚拟世界，不是绝对真实的世界。

五、沟通的意义在于对方的回应。

比喻：老师上课没人搭理，学生一起睡觉。

六、重复旧的做法，只会得到旧的结果。

比喻：机械生产同样的零件。

七、凡事必有至少三个解决方法。

比喻：接水喝3个方法：手捧、嘴对着水龙头、水壶打水。

八、每一个人都会选择给自己最佳利益的行为。

比喻：两片西瓜，选择大的那一块，人都选择对自己利益最佳的。

九、每人都已经具备使自己成功快乐的资源。

比喻：几个人在金山上掘金，每个人都获得了让他们成功快乐的资源：金块。

十、在任何一个系统里，最灵活的部分便是最能影响大局的部分。

比喻：方向盘在车子里面是最灵活的部分也最能掌控全局。

十一、没有挫败，只有回应信息。

比喻：一个人爬树摘果子时因为用手机发短信给别人结果摔了下来，爬树挫败，回应短信。

十二、动机和情绪总不会错，只是行为没有效果而已。

比喻：小孩哭有情绪，动机是让妈妈抱，但是行为没效果，妈妈继续做家务。

施工成本管理的任务：施工成本预测、施工成本计划、施工成本控制、施工成本核算、施工成本分析、施工成本考核。

这个施工成本管理我们可以思考如何类似生活中其他的事物，比如：

张某某的老婆要去超市买一些食材，首先她买菜的成本钱管理在钱包里（成本管理任务），然后预测今天下雨所以要带雨伞出门买菜（成本预测），然后按照菜单上的计划采购（成本计划）各种食材，采购的时候控制（成本控制）可以想象买菜降低成本价格和老板讨价还价，买菜最后要给钱，结账的电脑会核算（成本核算）多少钱，然后验钞机会分析结账的钱是否有假钞（成本分析），买好菜回来做好吃的，老公考核（施工成本考核）老婆的厨艺给菜打分。

各位读者可以试着找一些要记忆的信息，然后试试自己将要记忆的信息变成生活中平行事物的能力吧。

第十二节　内视觉出图七要素

1. 清晰（我们内视觉出的图像越清晰记忆越深刻，清晰的前提是看到图像更多的特征，比如我们脑海里出图黑猫警长，能看到它的更多特征如手枪、皮带、帽子、手套、胡须等，这些都可以加深图像的清晰度）。

2. 动态（转化的图像最好是动态的，或者当我们把转化的图像定桩的时候，让图像在桩子上动起来就可以记得更深刻，虽然静态图像也能记住，但是没有动态图像记忆深刻）。

3. 夸张（我们想象画面的时候在脑海里进行一些夸张想象可以记得更牢固，比如想象的画面是拍碎玻璃肯定比触碰玻璃要记得牢固一些）。

4. 贴近（我们在完成图像编码的时候，逻辑贴近或者谐音贴近更利于解码回忆信息，比如和平编码成奥运五环是逻辑贴近，和平鸽是谐音贴近，我的一个学员把商品生产编码成三杯神茶，首先谐音不够近，其次他自己都没见过神荼怎么出图记忆呢，还有3是一个抽象词也不利于记忆）。

5. 逻辑（将信息逻辑关联上，回忆起来环环相扣符合现实中我们的人生经验更利于还原信息）。

6. 趣味（我们记忆时内视觉想象的画面对我们的情绪刺激越大记得越牢固，而趣味性的联想最容易刺激到我们的情绪，比如周星驰电影中的一些无厘头台词很有趣，它们甚至能让你不记而记）。

7. 两两接触（联系图像的时候，它们之间要两两接触）。

第十三节　创造和加工图像

我们使用图像记忆的时候无非是两点：对图像进行创造和加工。而我们更容易记住的其实是我们对图像的加工。比如看到一个橙子，在脑子里创造的图像可能是静态画面，你可以加工图像想象橙子摸上去会感觉到冰凉、咬下去会酸涩等不同的感觉体验。

把静态图像加工成动态图像就会记忆得比较牢固，你想象出一堵墙壁，可以进行图像加工想象这堵墙突然崩塌了，留下一地的灰尘。想象一只玩具熊，再想象它扭着屁股在跳迈克尔·杰克逊的舞蹈，记忆又可以加深了，因为这个画面带动了你的情绪和感受，《读心神探》中的记忆宫殿老师廖美思说：触动情感的事记得最牢固。

加工图像的一些宏观原则：互动、生动、怪异、替换、大比小好、多比少好。

加工图像记忆信息范例

抽象词汇：管理——势头

记忆编码：管理=官吏，势头=石头

联结画面：官吏用脚踢石头（画面普通记忆效果一般）。

联结画面：官吏被一块飞来的巨石压扁在地上（画面互动且生动有趣，记忆深刻）。

抽象词汇：聪明　遮挡

记忆编码：聪明=诸葛亮，遮挡=雨伞（遮挡雨水）

联结画面：诸葛亮打伞（画面普通记忆效果一般）。

联结画面：诸葛亮拿伞做标枪去射杀猎物（画面怪异，记忆深刻）。

抽象词汇：诚隆　宠物

记忆编码：诚隆=成龙，宠物=宠物狗

联结画面：成龙遛狗（画面普通记忆效果一般）。

联结画面：成龙拽着狗的尾巴当拖把用（将宠物代替拖把，记忆深刻）。

抽象词汇：实底　游子

记忆编码：实底=师弟=八戒，游子=柚子

联结画面：八戒吃柚子（画面普通记忆效果一般）。

联结画面：非常大的柚子像雨一样砸过来，砸得八戒屁滚尿流（将柚子的数量夸大，形体夸大加深印象）。

读者平时可以随机挑选一些图像和抽象词汇进行联结记忆来提高加工图像的能力。

第十四节　万物皆桩

前面我们学习了桩子的定义和发散训练产生的桩子，接下来我们深入学习万物皆桩的技巧。

我们的记忆官殿分两种，一种是事先记忆在脑子里的桩子如地点桩、数字桩、字母桩、身休桩等，一种是随机制作山来的桩子。

从小到大我们学过很多成语和熟语，这些成语都可以成为我们的随机官殿，比如笔墨纸砚就是四个桩子：笔、墨水、纸张、砚台。又或者柴米油盐酱醋茶，一下子就是七个桩子：柴火、米、油水、盐、酱油、醋、茶。

一个记忆过很多成语古诗的人，在记忆信息上有着天然的优势，一个人不论用任何记忆形式，记得的东西越多，这些记住的信息对他的联想就越有利，就像圣经中的马太效应，有钱的人更有钱，穷的人更穷。

如果把我们的大脑比作一个巨大的记忆仓库的话，记忆术就好比拉货进仓库的货车。而已经储存好的信息就像这个仓库中的盒子可以装进新的货物，这个原理简称：用已知去记忆未知信息。你的记忆技巧越厉害，你的记忆载货车引擎就越高档，别人开拖拉机你开高铁，长久下去的话，学习上拉开的距离也就越大。

在遇到多选题和简答题的时候，假设一个题目四个答案，那么一个四字成语制作成桩子就可以帮助你记忆这道题了，比如：卧虎藏龙——卧床、老虎、宝藏、龙，用这个成语来帮助记忆就可以了。

记忆心理学知觉的几个特征范例

1. 知觉的选择性。2. 知觉的理解性。3. 知觉的整体性。4. 知觉的恒常性。

桩子：卧床

记忆方案：我选择一张卧床睡上去没有知觉（知觉的选择性）睡着了。

桩子：老虎

记忆方案：我们都理解老虎是很凶猛的（知觉的理解性）。

桩子：宝藏

记忆方案：将宝箱整个提起来飞奔啊（知觉的整体性）。

桩子：龙

记忆方案：龙的身体很长（知觉恒长性）。

这里我示范记忆的信息很短，为了初学者更好地理解，一般使用记忆宫殿的高手可以用这四个桩子记忆一个80字以上的简答题。

行政合理性原则的要点：

1. 行政的目的和动机合理；2. 内容和范围；3. 行为和方式；4. 手段和措施。

分析：把标题拆分成4个随机宫殿的桩子和4个要点对应联想：

行政合理性原则拆分：行政=刑侦=刑侦警察；合=盒子；理性=旅行箱；原则=圆甘蔗。

1.行政的目的和动机合理——刑侦警察（对应联想）

记忆：刑侦警察跟踪犯人（行政的目的）目的是抓出幕后团伙，抓坏人保护老百姓动机很合理（动机合理）。

2.内容和范围——盒子（对应联想）

记忆：盒子里内容（内容）是一些物品，盒子内是一个范围（范围）。

3.行为和方式——旅行箱（对应联想）

记忆：用旅行箱旅行是一种行为方式。

4.手段和措施——圆甘蔗（对应联想）

记忆：用圆甘蔗打断手（手段），措施（措施）是接骨。

证券投资基金的特点：

1. 集合理财，专业管理；

2. 组合投资，分散风险；

3. 利益共享，风险共担；

4. 严格监管，信息透明；

5. 独立托管，保障安全。

标题做桩：证券=电影票；投资=老头子；基金=鸡精。

记忆：1.集合理财，专业管理；2.组合投资，分散风险

图像转化和定桩：买电影票（桩子）同时数钱包里的钱，钱包集合了钱，数钱是理财，专业管理钱的是钱包，组合投资可以想象一起凑钱买一盒爆米花吃，分散风险可以想象两个人分散走结果摔了一跤。

记忆：3.利益共享，风险共担；4.严格监管，信息透明

图像转化和定桩：老头（桩子）子把买来的吃的食物分享给朋友一起吃是利益共享，食物过期两人一起拉肚子是风险共担。老头子眼睑流泪（眼睑=严格监管，压缩谐音），眼泪是透明（信息透明）的。

记忆：5.独立托管，保障安全

图像转化和定桩：炒菜放鸡精，金鸡独立站着手里托着个罐（独立托管）子，炒菜的时候手上戴着绝缘手套保障安全（保障安全）不被烫伤。

生活中我们能看到的一切已知顺序的图像都是桩子，大家可以努力去发掘它们帮助自己记忆海量的信息。

标题随机制作桩子练习

我国为什么要坚持税收法定原则？

1. 全面落实依法治国基本方略、加快建设社会主义法治国家的要求。

2. 有利于完善税收法律制度。

3. 规范政府行为，防止随意增减税负。

4. 保护纳税人权益。

税收=水手；法定=头发秃顶=光头；原则=圆甘蔗；使用标题转化而成的桩子记忆下面的答案。

1. 全面落实依法治国基本方略、加快建设社会主义法治国家的要求。

信息压缩：依法治国 建法国要——桩子：水手

联想：水手衣服上有头发，手指过去捡起头发（依法治国=衣发指过），剪头发长发过腰了（建法国要=剪发过腰）。

2. 有利于完善税收法律制度。

3. 规范政府行为，防止随意增减税负。

信息压缩：税收法制 规政行，防增减——桩子：光头

联想：光头和尚给水手发纸（税收法制=水手发纸），纸上面印着正规整形（规政行=正规整形），需要一张四方形的证件（防增减=方证件）照给他做整形对比。

4. 保护纳税人权益。

信息压缩：保纳税权——桩子：圆甘蔗

联想：包里面拿出的水全部淋到圆甘蔗上了。

我国为什么要坚持税收法定原则？

1. 全面落实依法治国基本方略、加快建设社会主义法治国家的要求。

2. 有利于完善税收法律制度。

3. 规范政府行为，防止随意增减税负。

4. 保护纳税人权益。

你怎么记忆？试一下。

_____

_____

_____

_____

依法行政的意义是什么？

（1）有利于保障人民群众的权力和自由。

（2）有利于加强廉政建设，保证政府及其公职人员不变质，增强政府的权威。

（3）有利于防止行政权力的缺失和滥用，提高行政管理水平。

（4）有利于带动全社会尊重法律、遵守法律、维护法律，推进社会主义民主法制建设。

你怎么记忆？试一下。

_____

_____

_____

_____

教育的多样化理念首先表现在教育需求多样化，为了适应经济社会发展的需要，人才的规格、标准必然要求多样化；其次是办学主体多样化，教学目标多样化，管理体制多样化；最后是灵活多样的教育形式、教育手段和衡量教育和人才质量的标准多样化。

你怎么记忆？试一下。

_____

_____

_____

_____

教育不仅仅是学校单方面的事情，也不仅是个人成长的事情，而是社会发展与进步的大事，是整个民族发展的事情，是关乎精神文明建设和两个文明和谐发展的全局性、战略性大业，是一项由诸多要素构成的复杂的社会系统工程，涉及很多行业和部门，需要全社会的普遍参与，努力才能搞好。

你怎么记忆？试一下。

_____

_____

_____

_____

第十五节　一对一联结训练

世界上只有两种类型的题目，一种是1对1题型，一种是一对多的题型。

1对1的题目只需要用题目和答案进行1对1联结就全部可以搞定，联想速度快的学员甚至在看到题目的瞬间就马上联结好答案了，考试的时候看到题目就可以通过回忆联结来回想答案。

我们平时可以通过一些一对一联结训练来提高自己应对这类题型的能力。

1.下列（A）是世界流程最长的。

A.尼罗河　　B.长江　　C.亚马逊河　　D.密西西比河

河流程长尼罗——河流里面成长大的尼罗鳄在吃人。

2.我国卫星火箭发射基地西昌位于（C）。

A.西藏　　B.新疆　　C.四川　　D.青海

西昌、四川——四川人唱戏变脸（唱戏和西昌谐音）

3. 古代军事家曹操是（B）时期的人物？

A. 西汉　　B. 东汉　　C. 三国　　D南北朝

曹操 东汉——曹操冬天感到寒冷（冬天寒冷谐音东汉）。

4. 我国少数民族分布最多的省份是（C）。

A. 广西　　B. 西藏　　C. 云南　　D. 四川

少数民族最多 云南——刘三姐嘴巴上涂抹很多云南白药（刘三姐代表少数民族，最多用嘴巴上很多代替，云南白代替云南）

平时多做一些这种训练，可以让你快速地记住大量选择题。

第二种题目类型是1对多的题型。如康复护理的原则有哪些？ 答案是：1. 强调自我护理；2. 持续功能锻炼；3. 高度重视心理护理；4. 注重团队协作进行治疗 。

这个题目有多个答案属于1对多的记忆题目，可能需要桩子，记忆宫殿主要是用来解决1对多的问答题、简答题等信息量较大的题型或者记忆一整本书的，切勿盲目定桩！

第十六节　记忆初级万能公式

记忆初级万能公式：SJ=J+B+L+D+H+Z

记忆宫殿：
一本书快速提升记忆力

SJ=速记

J=简化要记忆的信息（逻辑理解材料后寻找关键字、词）

B=编码抽象文字成为图像

L=联系=图像联系+逻辑联系

D=定桩（材料信息量较少串联记忆不定桩，材料信息量大使用记忆宫殿定桩记忆，假设记忆宫殿是航空母舰的话，一个个简短信息的串联记忆就好比一个个小的战斗机）。

H=回忆图像+解码图像成文字+纠错。

Z=整理要记忆的信息（思维导图+笔记+录音+复习卡片），方便自己记忆或者复习。

图像联系和逻辑联系的区别：图像联系比如楼梯和花盆，楼梯上摆放一盆花。逻辑联系楼梯和花盆时，楼梯上经常上去人，人的脚会留下泥土，花盆里面有很多泥土，找到逻辑交集即泥土来联系信息。

定桩的时候尽量不要回跳过多，比如第一个桩子记忆完信息，在下一个桩子进行定桩时又回跳到前一个桩子上复习上面的画面，由于过于担心自己会遗忘反而导致记忆效率变低，可以在完成一定长度信息的记忆后再开始一个个桩子寻找遗忘点。新手容易出现缺乏自信的问题，应用记忆中一次长信息条的记忆定桩难免会出现小错误，都是要复习好几次的，它和竞技记忆有较大的差别。

记忆政治内容范例

坚持四项基本原则

记忆：思想（四项）者吃圆泽（原则=圆泽）。

反对资产阶级自由化

记忆：饭（反对=饭堆）碗里面有个戒指（资产阶级=资阶=戒指）被自由（自由化）女神拿走戴在手上。

恢复实事求是的思想路线

记忆：看到一个美女把她画成丑女，这是不实事求是，擦去再画成美女是恢复实事求是的思想路线。

调整各级领导班子

记忆：戴着条纹领带（调领班）的班长。

军队建设得到了加强

记忆：军人捡起枪（军建强）。

优美散文记忆范例

我们曾经深深地爱过的一些人，

爱的时候，把朝朝暮暮当作天长地久，

把缱绻（qian quan）一时当作了被爱一世，

于是承诺，于是奢望执子之手，幸福终老，

然后一切消失了，然后我们终于明白，

天长地久是一件多么可遇而不可求的事情，

幸福是一种多么玄妙多么脆弱的东西，

我们曾经深深的爱过的一些人

图像转换记忆：想象你的初恋情人，她是我们曾经深深地爱过的人。

爱的时候，把朝朝暮暮当作天长地久

图像转换记忆：一个人在看爱心外形手表的时候（爱的时候），在人才市场招募（朝暮）员工，他手上戴着钻戒（钻戒代表永恒=天长地久）。

把缱绻一时当作了被爱一世

图像转换记忆：牵着犬（缱绻=牵犬）的医师（一时=医师）发现犬突然死掉，很悲哀，一时（被爱一世=悲哀一时）难以自控地哭了。

于是承诺，于是奢望执子之手，幸福终老

图像转换记忆：结婚的时候，夫妻要对着神父承诺（于是承诺）举手发誓，然后男子执子之手（于是奢望执子之手）牵着女人，每个结婚的人都希望他们穿着新衣服（新衣服=幸福终老）。

然后一切消失了，然后我们终于明白

图像转换记忆：想象当钱包里的一切钱都消失了，我们终于明白遭小偷了，这个画面就能记住这句话。

天长地久是一件多么可遇而不可求的事情

图像转换记忆：一对老夫妻在地上捡到钱（老夫妻=天长地久，地上捡到100块钱=可遇而不可求的事情）。

幸福是一种多么玄妙多么脆弱的东西

图像转换记忆：穿着新衣服的女人身材曼妙却摔碎了一面镜子（幸福=新衣服，玄妙=凹凸有致的身材，脆弱的东西=镜子）。

总结：将以上句子的转换图像放入我们记忆宫殿中的房间地点中，能快速记下这篇散文。

要立足于结合本职工作，提高工作水平，要结合本职工作，不断增强工作的主动性和责任意识，认真干好本职工作，在平时组织各项活动时进一步提高协调能力，确保工作有序无误的开展.

记忆图像转换：

要立足于结合本职工作——交警立足于马路中间，结合本职工作惩罚那些不遵守交通规则的人。

提高工作水平——交警的摩托车提高了他的工作水平，让他可以快速到达交通事故地点。

不断增强工作的主动性和责任意识——一个醉酒行驶的司机看到交警主动过去缴纳罚款，交警打的让的士司机送司机回家是责任意识好的表现。

认真干好本职工作——交警认真干好本职工作指挥交通。

在平时组织各项活动时进一步提高协调能力——交警用传呼机组织同行各项活动，团队合作提高了协调能力。

确保工作有序无误地开展——交警指挥交通在做工作，让所有车子有序无误地按照顺序前进。

转化图像的速度决定了你的记忆速度，联想质量决定了你的记忆保持时间，记忆桩子的数量决定了你的快速记忆信息容量。

第六章

记忆宫殿法的进阶学习

第一节　记忆术的两种核心技巧，谐音和逻辑

记忆材料的难度排列如下：

扑克数字记忆：难度系数1颗星。

词汇记忆：难度系数2颗星。

现代文、台词、歌词、散文、诗歌、白话文记忆：难度系数3颗星。

法律、医学、建筑、古文、医学、各类大学专业课知识、英语文章记忆：难度系数4颗星。

各种外国人名、地名、毫无逻辑性、逻辑性非常模糊的生疏文字材料：难度系数5颗星。

我们要记忆的材料分为强逻辑、中逻辑、弱逻辑材料，其中强逻辑信息更适合逻辑记忆，无逻辑信息更适合谐音编码记忆，针对这些不同难度的材料，我会通过很多记忆范例让大家进一步去了解它们的记忆方法。

记忆术的两条主线是逻辑和谐音。

逻辑记忆是通过逻辑关联寻找到规律，达到不记而记的效果。比如记忆教育心理学中的一个句子：人的努力方向和社会倾向性等方面的要求。假如你考试考60分，那么同桌如果考100分的话，他就是你这个人学习上努力的方向，社会倾向于选择学历高的人来优先就业，所以你们会努力去学习。通过以上逻辑联系就可以快速记忆这个句子了。

谐音记忆就是通过谐音将信息变成图像来记忆的方法，比如我的一个朋友叫沈治成，我谐音成身子沉，加上他体型很胖，下次一见面看到他的啤酒肚就记住了。古往今来很多名人都会使用类似的谐音记忆技巧。

在记忆教学的过程中，很多初学者会认为谐音图像使用了不相干的谐音画面破坏逻辑会影响学习，其实这种想法是偏激的认识。其实记忆和理解并没有实际的冲突，可以先理解后记忆，也可以先记忆后理解。

中国的古人学习大多是先背诵后理解的，古人追求深度记忆，因为他们明白记忆是灵活使用的前提。清末大才子辜鸿铭精通九国语言的人生不可复制，但是他的经历却可以让我们获取一定的经验：他的养父让他背诵经典时先跳过理解直接背诵，背诵完毕后再教他理解信息的内涵来学习外语，他通过大量背诵经典如《浮士德》《莎士比亚》等学习外语，这件事告诉我们其实背诵和理解之间并不一定要同步进行。

精通记忆宫殿记忆法的人在特定情况下会使用特定的技巧，有时候使用谐音编码转化记忆材料更快，有时候用逻辑联系和逻辑图像转化更快。所以没有正确的方法，只有当下最适合的方法。

我们只有把自己的思维扩展开，把陈旧的观念放下，才能得到真正的进阶。在教小孩记忆英语单词的时候，我会用一些比较有趣的方法记忆东西让他们先增加学习兴趣，比如（apple 苹果）这个单词，使用联想记忆：苹果挨剖开了，apple的发音是挨剖。这种联想可以在孩子快速记住信息的同时引导他们掌握联想记忆的技巧和思维习惯，为他们以后的学习做一个好的铺垫。

第二节　关键词记忆法

记忆术研究者们将信息分为关键信息和渲染信息，关键信息是更利于我们回忆的，也称之为关键词。那什么是渲染信息呢？就是让一句话更便于我们理解的那些次要信息。在我们看一段文字的时候，把那段文字的顺序打乱一些，我们依然能够看懂这段文字的意思，这件事证明我们都具有一定的脑补能力，通过关键词可以脑补出更多信息。一个人的天赋条件不同，脑补出剩余信息的量也不同。

找关键词其实并不是一定要找主谓宾关系中的词，我找关键词的宏观经验是：1. 最适合你还原出句子的词汇。2. 快速找到信息的中心思想，通过中心思想找到的关键词本身也具有一定的逻辑链。

人的大脑是有聚焦性和发散性的，聚焦在一个点上就可以发散出更多信息，我有写作的习惯，在写作的时候，我并不是去构思一个长篇大论的框架，而是在纸上写下少许关键词，然后通过这些关键词发散思维来写文章，所以关键词的记忆更适合人脑的特性。

关键词如何去寻找？

1. 句子主干，找出句子想表达的核心含义就是关键词，它们大多处于句子的主谓宾关系中。

2. 因果关系，句子和句子之间存在着因果逻辑关系，在句子的因果关系中寻找关键词。

3. 直觉寻找，在长期记忆训练的过程中，大多数人都能凭借直觉感知出哪些词汇是关键词，故而我们也通过最容易还原信息的直觉来寻找关键词。

4. 逻辑链，也就是事物之间紧密相连的关系，逻辑链就像电影剧情的发展主线，一切剧情都围绕着主线而展开。逻辑链是事物与事物之间概念与概念之间的联系，这种联系缺失一环意味着整个逻辑层的崩塌，能找到事物之间紧密联系的逻辑链就能找到关键词。

5. 一般的现代文中：时间、地点、人物、数量、事件、经过、结果中包含了关键词，可以绘制出一个框架图，然后把数据和文字信息写在这个框架上，这样就可以快速找到现代文中的关键词了。

第三节　如何集中注意力

根据记忆的原理，注意力和记忆力息息相关。人们很容易把注意力集中在自己喜欢的事物上，人们对自己喜欢的事物如痴如醉，注意力集中，一件事情一旦能吸引我们的注意力并且保持下去就可以学好它。

首先得引导对事物的兴趣，这也是中国很多老师教学的弊端，很多老师试图用严苛的惩罚和批评去让学生变得爱学习，但这个方式是欠妥的，一个好的老师首先要想办法激起学生对学习的兴趣，其次才是言传身教。

从广义上，我们喜欢得到奖励。对不同的人来说奖励有不同的理解，也有不同的类别，可以是物质的也可以是精神上的。在实际生活中，比如记忆课程，我们可以得到的预期奖励就是快速记住想记住的信息，如果你掌握了合理的记忆方法，你还会源源不断地获得此类奖励和别人的夸奖，你可以通过学习这种学习方法获得更多的奖学金奖励和工资奖励等。

大多数时候，努力集中注意力和奖励之间的关系并不是立竿见影的，它往往是一个量变到质变的过程。马云说过：今天很残酷，明天很残酷，后天很美好，但很多人死在了明天的夜里。凡事皆有终结，保持耐心也是赢得成功的一种手段。

学习有困难的学生常说：如果可以不学那些讨厌的学科就好了。其实让他们通过学习技巧将努力和成就之间联系得越快越紧密就可以激发

记忆宫殿：
一本书快速提升记忆力

兴趣。学生们一旦逐渐认识到必须认真学习，就朝着积极循环更近了一步。对于有学习困难的学生，老师和家长应该及时给予精神奖励，老师要教授正确的学习技巧让他尽快感受到努力集中注意力和奖励之间的联系。

任何能使我们产生烦躁情绪的事物都是注意力的大敌，如：吵闹、情感伤害、睡眠不足、潮湿的环境、炎热等，内外因素的干扰下人的注意力就大大降低了，令人难过的是机械记忆是目前人类使用的主要记忆手段，这种记忆手段的无趣枯燥也会严重干扰人们的注意力。使用联想来记忆信息会更容易集中注意力，联想给大脑带来的刺激不是机械记忆能比的，头脑也更容易积极去吸收。

集中注意力是观察事物的先决条件，我们通过观察事物的细节和发现事物之间的关联，来了解世界的本质，集中我们的注意力可以让我们成长更快，我们不光要成为记忆方面的强者，还要拥有人类活动各个领域的才能，这些都和集中注意力观察思考息息相关。

第四节　视觉化的窍门

很多初学记忆术的人通过视觉化来记忆信息时，发现自己无法在脑海里精确清晰地看到这些画面，我们在想象的时候不需要完全清晰地看到这些图像，当然你能看到的图像越清晰一定记得更牢固，但是想象得越清晰需要花的时间越多，如果你希望快速记忆信息那么只需要在脑海中出现一些这个图像的显著特点帮助你识别就可以了。鱼和熊掌不可兼得，图像的清晰度和速度也不可以兼得，当你感觉你看到的影像能让你判别出来它是什么物体时就可以开始记忆其他信息了。

假如你在脑海中幻想大熊猫，你不一定非得精确细致地看到大熊猫的样子，能想出一个大概的轮廓黑白相间且性格温和就可以了。

想象不是让你去完成一幅完整的图像，每一个词汇或者句子都会在你脑海中闪现出你自己创造和加工的一幅幅图像画面，它不一定真实，但必须是世界上独一无二的画面。一个人想象的次数越多，想象力就会越丰富，也更容易看清楚你脑海中的图像。

当我定桩蜡笔小新在一个地点桩即沙发上时，我会先闪现地点的特征：黄沙发被屁股压下去凹陷的特征+沙发表面折射下午太阳光的光痕，在脑海中闪现蜡笔小新的一些局部特征如黑白圆眼、突出的脸颊、红衣黄裤，当我觉得我回忆的时候能清晰地分辨出这是蜡笔小新的时候我就立即跳入到下一个信息的编码+联结+定桩记忆过程了。

第五节　意群的逻辑图像转化

前面我们学习了逻辑联想转换句子，很多句子我们可以将它们视为一个逻辑意群，然后按照意群转化为一个现实中普通的事件来记忆它们。

逻辑图像转化范例

1. 确定顾客期望。 2. 建立质量目标和方针。 3. 确定实现目标的过程和职责。4. 确定必须提供的资源。5. 规定测量过程有效性的方法。 6. 确定防止不合格并清除产生原因的措施。 7. 建立和应用持续改进质量管理体系的过程。

记忆

1. 确定顾客期望——卖猪肉的时候，老板确定顾客期望是瘦肉就故意把瘦肉摆在肥肉前面。

2. 建立质量目标和方针——买猪肉的重量要达到顾客的目标，确定方针是用秤称重。

3. 确定实现目标的过程和职责——购买猪肉实现目标的过程是交易付账，带着小孩一起出来买菜，大人的职责是牵着孩子保护孩子的安全。

4. 确定必须提供的资源——孩子嘴唇干裂，确定必须提供给水资源后递给他一瓶。

5. 规定测量过程有效性的方法——买到的猪肉用钩秤测一下重量怕老板扣秤的过程是确定测量过程有效性的方法。

6. 确定防止不合格并清除产生原因的措施——买到的猪肉闻一下有异味就确定为不合格产品扔掉，清除产生原因把好的猪肉放入冰箱储存。

7. 建立和应用持续改进质量管理体系的过程——持续改进猪肉质量管理的冰箱，给冰箱冲洗一番，清理掉过往的灰尘。

将以上信息转化成一个具有逻辑性的整体事件，"一带一路"的回忆模式会让你回忆起来更舒适。

现代文记忆范例

我们人的生活有两种方式，第一种方式是像草一样活着，你尽管活着，每年还在成长，但你毕竟是一棵草，你吸收雨露阳光，但是长不大，人们可以踩过你，但是人们不会因为你的痛苦而产生痛苦。人们不会因为你被踩了而来怜悯你，因为人们本身就没有看到你。所以我们每个人都应该像树一样成长，即使我们现在什么都不是，但是只要你有树的种子，即使被人踩到泥土中间，你依然能够吸收泥土的养分，自己成长起来。当你长成参天大树以后，遥远的地方，人们就能看到你，走近你，你能给人一片绿色。活着是美丽的风景，死了依然是栋梁之材，活着死了都有用，这就是我们每一个同学做人的标准和成长的标准。

分析：这篇文章非常简单，而且是强逻辑材料，挑选出关键词，然后联结成一部内视觉小电影来记忆。

记忆方法：想象你面前有两条道路（我们人的生活有两种方式）。你站在十字路口，看到一条路上有一棵草（第一种方式是像草一样活着），小草在慢慢向上长大（你尽管活着，每年还在成长），雨点从天上落下来淋到小草身上，然后出太阳了（但你毕竟是一棵草，你吸收雨露阳光；小草吸收了雨露和阳光）。小草长到一定程度后停止生长左右摇摆着，一双鞋子踩踏小草而过（但是长不大，人们可以踩过你），小草被踩后痛苦地流出眼泪，踩踏的人却满脸笑容（但是人们不会因为你的痛苦而产生痛苦），踩小草的人毫无怜悯之心地嘲笑着小草，后面的行人继续匆匆走过，看不到小草（人们不会因为你被踩了而来怜悯你，因为人们本身就没有看到你）。

这时候你开始看另外一条道路上，有一棵树苗正在长高（所以我们每个人都应该像树一样成长），人们匆匆走过小树苗面前，因为它的矮小而看不到它，小树苗下面还有包树种子（即使我们现在什么都不是，但是只要你有树的种子）。一个人踏过小树苗的种子把它踩入泥土（即使被人踩到泥土中间），小种子依然从泥土中长出来了（你依然能够吸收泥土的养分，自己成长起来）。小树苗长成了参天大树，很远的地方别人就看见了大树，然后跑过来看这片绿色的风景（当你长成参天大树以后，遥远的地方，人们就能看到你，你能给人一片绿色）。人们对着参天大树拍照留影（活着是美丽的风景），大树终于老死了，被人们砍下来做房梁（死了依然是栋梁之材，活着死了都有用）。一群学生站在大树做成的房梁上选举出一个道德模范并给他颁奖（这就是我们每一个同学做人的标准和成长的标准；道德模范=做人的标准和成长标准）。

句子记忆训练材料

李嘉诚的经典名言十句

1. 不为失败找借口，只为成功找方法。

2. 尊严来自实力，实力来自拼搏！

3. 赢家总有一个计划，输家总有一个借口。

4. 努力不一定成功，放弃肯定失败。

5. 雄鹰可以飞得晚，但一定要飞得高。

6. 专注=效率。

7. 人生需要时时提醒，责任需要时时敲打。

8. 要想壮志凌云，就须脚踏实地。

9. 只有今天的埋头，才有明天的出头。

10. 行动是通向成功的唯一途径。

记忆方法

_____

_____

_____

_____

_____

记忆宫殿：
一本书快速提升记忆力

_____

_____

_____

_____

富兰克林演讲稿记忆训练

幸福并不在于单纯地占有金钱，幸福还在于取得成就后的喜悦，在于创造努力时的激情。务必不能再忘记劳动带来的喜悦和激励，而去疯狂地追逐那转瞬即逝的利润。如果这些暗淡的日子能使我们认识到，我们真正的使命不是要别人侍奉，而是要为自己和同胞们服务的话，那么，我们付出的代价就是完全值得的。

_____

_____

_____

_____

_____

_____

_____

_____

_____

第六节　意群图像记忆的步骤

1. 熟读理解信息。

2. 将信息看成一个个意群，在意群中寻找到关键词信息。

3. 将关键词做图像化处理并联结前后图像。

4. 视情况而定（1对1题型还是1对多题型）决定是否定桩，回忆图像并将图像解码成文字，查缺补漏没记住的信息并且纠错。

5. 整理自己的复习笔记、卡片或者录音。

6. 复习的时间安排。

一本书的重点信息只占20%左右，剩下的都是阐述性内容和补充说明。关键词寻找得恰当与否会直接影响到我们回忆信息和精确程度。

回忆图像解码文字的时候如果很容易出错，我们可以尝试换一个更好的联想或者加工原有图像让它更清晰、夸张、生动有趣、符合逻辑，然后记牢它。

当我们不断记忆大量信息之后，你会更容易发现信息之间的自然联系，寻找到有自然联系的关键词记忆信息就事半功倍了。

第七节　学习书本的步骤

学习书本的步骤：大概浏览、提问、阅读。

大概浏览

首先我们要大概浏览一本书，看看书的前言、目录、章节重点、标题，如果有章节总结的书就先看看章节的总结，这些章节总结有助于我们获得总体概念。

请阅读下面这段文字：

人类对未来有非常充分的意识，并且能连续制订计划。我们的头脑中无时无刻都在运行着对现实的模拟。事实上，我们预期的计划可以远远超出我们的生命跨度。我们能判断其他人的能力，预计形势的发展，制定正确的策略。这种形式的意识涉及预测将来，也就是说，产生多个模型去模拟将来的事件。这要求对常识和自然规律有非常周密的理解。它意味着你要不断地问自己"将会发生什么事情"。不管是计划出门逛街，还是日常上班，这种类型的计划意味着你的头脑能够在同时容纳现实可能发生的多个模拟状况。

阅读完这段文字，你对这段文字的回忆可能会不太好，因为它对于你而言没有一个明确的意义。如果我告诉你它是关于人工智能超越人类的相关的内容，然后你试着再看一遍，你对这段话就会有更深的理解和思考，你能不能更好地记忆它呢？

对信息概述（标题+导言+重点等）的浏览有助于我们的理解和记忆。

提问

在标题的基础上进行阅读，并自我提问一些问题，这样更容易知道阅读时需要找到一些什么内容，比如标题是人工智能超越人类，我们可以想到这些问题：人工智能的起源？人工智能如何建构？人工智能在哪些领域超越了人类？人类要对人工智能做哪些防范？如何限制人工智能从而保护人类？问题可以保持我们的阅读兴趣，确保我们集中注意力，积极参与。把参考书每一个章节后的复习提问搞明白或者阅读之前就看看章节提问。

阅读

对于大多数人而言，他们都是只有阅读这一步的，有了前面的两个步骤，我们阅读书本的收益会更大。阅读的时候，很多学生喜欢画线标出重点，但这个过程一定要谨慎，在我们进行第一遍阅读的时候通常不知道什么是重要信息，或者信息之间的联系。所以应尽量等我们思考清楚什么是重点的时候再去标注重点，在错误的地点标注重点反而会成为学习的障碍。

第八节　文字编码库

了解了学习书本的步骤后，我们要继续加强我们背诵文字的能力。背诵文字的能力的加强离不开文字编码库。前面我们提过数字和扑克编码加起来只有110，如果你只训练110个数字编码记忆数字，那么你的文字记忆速度是怎么都快不起来的。文字记忆高手必须拥有一个文字编码库，这个编码库越庞大你记忆文字的速度就越快，如果把记忆宫殿比喻成你大脑里的记忆硬盘的话，文字编码库就是你大脑记忆运行的CPU，它决定了你转码文字的速度。

什么是文字编码库呢？就是通过转化技巧将文字编码成为对应的图像，并且逐渐将它们固定下来，文字编码库并不需要死记，你在反复进行编码的过程就自然而然就记住了。选择一本专业知识的书籍，每天在书中寻找30个抽象词并将它们转码成为图像，坚持3个月你就可以自然而然地形成一个文字编码库。

我们也将所有文字编码库称为抽象词库（为什么叫抽象词库呢？因为图像词汇是不需要转化为图像的，比如大象可以直接在脑子里生出图像）。

抽象词转码的常用技巧：谐音、含义、象形、倒字（无视=巫师）、感觉（文字给你的第一感觉出图）、拆字（比例=笔插入梨，将文字拆开出图后动作衔接）。

抽象词编码库示范：

温馨=文曲星　包围=围巾　铭刻=刻刀　投入=篮球

占据=战具=斧头　模样=镜子　清秀=清修=道士　机缘=积怨=仇人

恩赐=恩慈=观音　征服=整幅画　守望=兽王老虎　形影=玺印

无法=和尚（无头发谐音为无法）　感触=手掌　同样=双胞胎

组织=足趾　隔断=割断=锯子　解决=手枪　堆积=积木

宽大=大款　异地=一滴水　凉意=晾衣杆　标志=婊子

风景=风景画　停顿=站牌　旋转=陀螺　组建=竹简　周围=围裙

清楚=清除=橡皮擦　纯净=水　惊叹=警探　速度=跑车

神奇=圣骑士　囤积=粮食　景观=警官　这里=啫喱水　气候=一起吼

叫=唱k的话筒　闲坐=先坐=板凳　飘逸=漂移=赛车　往昔=照片

祈盼=棋盘　感叹=干侦探=柯南　无忌=乌鸡　奇妙=魔术师

异常=一根火腿肠　使得=湿的毛巾　确实=雀氏奶粉

俨然=嫣然一笑=王语嫣　记得=挤的=牙膏　久违=九尾狐

攻势=公示栏　结束=解暑=西瓜　彩排=主持人　搭档=打挡=盾牌

轻易=青衣　一番=一帆　掩饰=岩石　沉重=铁球

出现=拿出现金=钱包　集体=鸡啼　遗憾=一条好汉　不予=捕鱼

记忆示例：

管理职能包括：1.计划职能：指工作或行动之前预先拟订具体的内容和步骤。2.组织职能：把管理要素按目标的要求结合成一个整体。3.领导职能：指有效地实现组织目标，不仅要设计合理组织，把每一个成员安排到适当的岗位上，还要努力提高成员士气，让他们充满热情地投入到组织活动中去。4. 控制职能：为了保证企业系统按预定要求动作进行的系列工作。

记忆方法：

1. 计划职能：指工作或行动之前预先拟订具体的内容和步骤。

关键词：计划工作行动拟内步（拟订内容步骤）

联结：我把润滑剂（计划=润滑剂）准备放在工作（工作=办公桌）的办公桌上，行动（行动）走过去，你穿着内裤（穿着内裤=拟内步）。

逻辑联结：看地图计划去哪里，然后拟订内容可以想象在地图上画路线图，去当地的步骤是买票——打车。

2. 组织职能：把管理要素按目标的要求结合成一个整体。

关键词：组织管理要素要求结合整体

联结：我用足趾（组织=足趾）踢官吏，官吏（管理=官吏）抓着摇晃的树（摇晃的树=要素），树上挂着一个摇晃的球（要求=摇晃的球），球爆炸掉出戒指盒（结合=戒指盒），戒指盒是正方体的（整体=正方体）。

逻辑联结：我把桌球上的球用桌球框框在一起结合成一个整体，管理要素是桌球，组织是框起来，结合整体是它们合并成了一个三角形。

这里我示范了两种转化思路：关键词和逻辑整体转化。

读者可以尝试挑战后面两条信息的转化作为记忆训练。

3. 领导职能：指有效地实现组织目标，不仅要设计合理组织，把每一个成员安排到适当的岗位上，还要努力提高成员士气，让他们充满热情地投入到组织活动中去。

你怎么记忆？试一下。

_____

_____

_____

_____

_____

4.控制职能：为了保证企业系统按预定要求动作进行的系列工作。

你怎么记忆？试一下。

_____

_____

_____

_____

_____

creative activities work

project mission

success social vision team

第七章

建立属于自己的记忆宫殿

第一节　现实记忆宫殿

如果你学会了记忆术，却没有记忆宫殿，就相当于练武功到了瓶颈期无法有新的突破。在快速记忆的时候，我发现地点桩的记忆信息速度总是最快的。

寻找现实记忆宫殿地点桩的原则：

1. 简洁（选择作为记忆储存的地点桩尽可能图像简单、简洁）。

2. 各异（每个地点桩都是有独特特征的物体，我们是靠利用地点桩的各异特征来记忆事物的）。

3. 距离（保证它们的距离适中，适合思维跳跃到下一个地点）。

4. 宽敞（房间尽可能宽敞，不要太拥挤）。

5. 光线（光线适中，不明不暗）。

6. 顺序（保持一个顺时针，或者逆时针的顺序来选择地点）。

7. 色彩（尽可能保持地点的色彩多样化，因为我们的大脑喜欢色彩）。

8. 熟悉（对地点越熟悉，记忆新信息的效果越好，反复使用记忆宫殿也是熟悉地点的好方法，同一套地点几天内不要重复使用，因为前后放上去的图像会互相干扰，等到安置在桩子上的图像成为长期记忆可以脱桩之后再继续使用）。

地点的质量决定了记忆的牢固程度，所以不可以随机寻找地点。同一个房间尽量不要寻找相似的物件。不同房间里的物像过于相似的话，使用想象技巧进行加工，把它们加工成有显著特征差异的物像。

现实宫殿是我现实中去过的地点，例如：小河边、篮球场、家、学校、露营地、网吧、电影院、游乐场、肯德基、大街上的各种建筑物等，我把这些地点用笔抄录下来，每10个分为一组，有些地点离家很远无法看到，第2次的话就把它们用手机拍摄下来复习。

地点有种神秘的魔力，当我在背自己宫殿里的地点时，感觉可以回到过去。背诵记忆宫殿中地点的时候，当时周围的人、他们的对话、电视里电影里的台词突然浮现在脑海中，当时我在做什么，我的情绪是什么样都历历在目，古人说的触景生情也许就是如此。

当时我只是在背自己记忆宫殿里的地点，并没有刻意去记忆周围的其他信息，但当我再次看到自己的记忆宫殿时，这些回忆好像自动蹦了出来，记忆宫殿真的蕴含了一种神秘的力量——让你回到过去的记忆之中。

怎么寻找现实宫殿呢？我们先确定一个大的区域，然后再在这个大区域中寻找一些小区域，这些小区域是有顺序的，再在这些小区域里各选取10个地点，这十个地点就算是我现实宫殿里的一组地点。无数的地点的集合就构成了现实宫殿。

平时我会把现实中去过的地点拍照或者录像下来，然后按照顺时针顺序标上序号制作成现实记忆宫殿，再使用现实宫殿直接去记忆我需要的信息。

现实记忆宫殿的使用范例

如何培养学生良好的性格？

（1）加强人生观、世界观和价值观教育。

（2）及时强化学生的积极行为。

（3）充分利用榜样人物的示范作用。

（4）利用集体的教育力量。

（5）依据性格倾向因材施教。

（6）提高学生的自我教育能力。

记忆图像转换：

（1）加强人生观、世界观和价值观教育（人生、世界、价值观教育；逻辑记忆：人生在世界上，每天都要花钱是价值，教育可以想象这个人是老师）。

（2）及时强化学生的积极行为（学生回答问题后立刻奖励一朵小红花是及时强化学生的积极行为）。

（3）充分利用榜样人物的示范作用（妈妈教孩子叠被子，妈妈是榜样人物，叠被子是示范作用）。

（4）利用集体的教育力量（群殴一个不还钱的人，集体教育他，力量是用手臂打）。

（5）依据性格倾向因材施教（张飞性格火爆，让他去学武是依据性格倾向因材施教）。

（6）提高学生的自我教育能力（学生自习课自己看书自我教育）。

现实记忆宫殿是书桌上的几个按顺时针分布的物件：主机箱、显示器、键盘、鼠标、音响、电风扇，将以上教育心理学信息转换的图像安置在前面我们预先背下的这6个现实地点桩上就可以全部回忆出来了。

在你的家中寻找到2组地点，每一组10个，按照顺时针顺序寻找，并使用它们记忆以下三组信息。

第一组记忆材料：

1. 化生、合资；2. 升华、精神；3. 聪明、快乐；4. 在乎、奋斗；5. 希望、重要；6. 难过、生活；7. 天堂、概念；8. 幻想、唤醒；9. 道德、渴望；10. 刻意、刑法。

我的第一组地点：

1. 拖鞋；2. 餐桌；3. 电饭锅；4. 厨房门；5. 垃圾桶；6. 楼梯；7. 鱼缸；8. 电视机；9. 窗户；10. 沙发。

我的记忆示范：

第一个地点拖鞋上堆满了花生（化生=花生），这些花生被我装进了盒子（合资=盒子）里。

一个地点记忆两个词汇（一带二是常用的竞技记忆词汇和数字的套路），读者们可以尝试挑战记忆一下词汇。

你的第一组地点：

_____

_____

_____

第二组记忆材料：

我们应该永远得体地、纪律严明地进行斗争。我们不能容许我们富有创造性的抗议沦为暴力行动。我们应该不断升华到用灵魂力量对付肉体力量的崇高境界。席卷黑人社会的新的奇迹般的战斗精神，不应导致我们对所有白人的不信任——因为许多白人兄弟已经认识到：他们的命运同我们的命运紧密相连，他们的自由同我们的自由休戚相关。他们今天来到这里参加集会就是明证。——史上最著名的十大演讲NO.3：马丁·路德·金演讲稿

我的第二组地点：

1.铁门；2.木梯；3.铁架子；4.蓝色的桶；5.过滤网；6.鸡窝；7.浇水壶；8.狗笼子；9.扫把；10.马桶。

我的记忆示范：我们应该永远得体地、纪律严明地进行斗争=得体、纪律、斗争，联想一个人整理仪容（得体=整理仪容让自己看上去更得体），然后和自己牵着的驴（自己的驴=纪律）斗争（斗争），拉扯着驴进入铁门（第一个地点桩铁门）。

我选用的地点桩是我家的天台，我把句子的关键词联结定桩到了天台的第一个地点桩上，我已经帮大家示范了第一句的记忆，大家可以尝试着背诵后续的句子来体验一下记忆宫殿的魔力。

记忆宫殿：
一本书快速提升记忆力

第二节　虚拟记忆宫殿

因为寻找现实地点作为记忆宫殿需要大量的时间，并且我们需要制作网络记忆宫殿教学课程，所以我决定制作虚拟宫殿。按利玛窦的《西国记法》中所说，记忆宫殿中的地点分为：1. 现实中的地点；2. 虚拟的地点；3. 半实半虚拟的地点。

我的虚拟宫殿由450个虚拟房间构成，每个房间10个地点，一共4500个虚拟地点桩。为何我要建立这么庞大的虚拟记忆宫殿？因为按照记忆宫殿的原理：一个人的记忆宫殿越大，他能快速记忆的信息量也就越大。建立大型的记忆宫殿需要花更多的时间来维护，每个人都可以按自己要学知识需要的记忆容量来构建自己的记忆宫殿，所以记忆宫殿并不是越大越好，而是越适合当事人越好。

制作虚拟宫殿的图像来源：

1. 虚拟建筑全景图。

2. 3D游戏内的场景。

3. 3D室内设计图。

4. 卡通动画场景。

虚拟宫殿的使用范例

提高情商的八种方法：

1. 微笑和赞赏不会惹小人；

2. 肯帮忙能最快获得好印象；

3. 不与上级争锋，不与同级争宠；

4. 逞强会过早暴露能力不足；

5. 学会吃亏但不吃哑巴亏；

6. 直率其实是不懂礼貌。

7. 随口辩解会害死你。

8. 智商使你得以录用，情商使你得以晋升。

使用的地点桩房间：

记忆：

微笑和赞赏不会惹小人——你对着小布偶人微笑着竖起大拇指（图像转化安置在记忆宫殿第1个地点茶碗中）。

肯帮忙能最快获得好印象——一个人上厕所没带纸，你从门缝下面递给他卫生纸获得好印象（图像转化安置在记忆宫殿第2个地点茶壶中）。

不与上级争锋，不与同级争宠——墙壁上刮来一阵风，墙里面躲着的虫子冷得发抖（上面一阵风=上级争锋，虫=争宠；图像转化安置在记忆宫殿第3个地点墙上）。

逞强会过早暴露能力不足——我逞强举重，结果没举起来砸伤了腿（图像转化安置在记忆宫殿第4个地点台子上）。

学会吃亏但不吃哑巴亏——挤公交车被人插队不肯吃哑巴亏骂人（图像转化安置在记忆宫殿第5个地点枕头上）。

直率其实是不懂礼貌——我直率地抢走了你的食物很不懂礼貌（图像转化安置在记忆宫殿第6个地点树上）。

随口辩解会害死你——包公在审犯人，犯人随口辩解被闸刀砍断脑袋害死自己（图像转化安置在记忆宫殿第7个地点墙壁上）。

智商使你得以录用，情商使你得以晋升——信息压缩：智录情晋，编码图像为：男子手上露出青筋（谐音的图像转化安置在记忆宫殿第8个地点浴池中）。

因为虚拟地点桩是平面图，没有立体感，所以我们必须反复熟悉虚拟宫殿，才能达到像现实宫殿一样的记忆效果，我们要在实用的过程中逐渐可以将虚拟宫殿幻想成立体的空间。

曲曲折折的荷塘上面，弥望的是田田的叶子。叶子出水很高，像亭亭的舞女的裙。层层的叶子中间，零星地点缀着些白花，有袅娜地开着的，有羞涩地打着朵儿的；正如一粒粒的明珠，又如碧天里的星星，又如刚出浴的美人。微风过处，送来缕缕清香，仿佛远处高楼上渺茫的歌声似的。这时候叶子与花也有一丝的颤动，像闪电般，霎时传过荷塘的那边去了。叶子本是肩并肩密密地挨着，这便宛然有了一道凝碧的波痕。叶子底下是脉脉的流水，遮住了，不能见一些颜色；而叶子却更见风致了。——朱自清《荷塘月色》

尝试用以下虚拟宫殿将这篇文章背下来做一个记忆训练。

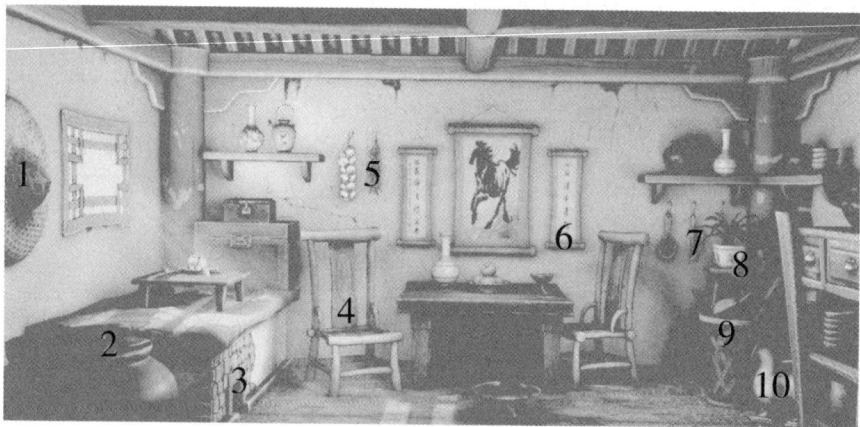

你的记忆过程：

_____

_____

_____

_____

_____

_____

（交作业请发到老师邮箱：2743836678@qq.com）

第三节　随机记忆宫殿

什么是随机宫殿？就是现实中我们去过的任何地方，电视剧里的场景、俗语、人名、诗歌中的文字等转化成的有顺序的记忆桩子，等等，生活里的万事万物其实都可以转化为随机记忆宫殿。

1. 你去过的任何一个场所，它们都散落在你的脑海里，可以作为存储记忆的仓库。散落于脑海里的场所和熟悉的事物，也都可以成为你的随机记忆宫殿，当你想记住什么信息，只需要将记忆的信息转化为图像，储存于脑海中的熟悉场所里就可以帮助你记忆。

2. 随机宫殿也可以是随机的名词、熟语、诗歌、人名、人物等，它们可以通过转化为具体事物作为记忆的桩子，即一种临时创建的记忆桩子。

3. 熟悉顺序的事物，比如：主机箱、显示器、鼠标、键盘等，你记住的熟知序列的物像都可以是随机桩子。

4. 我们可以将身边熟悉的人物视作一种宫殿，比如我们熟悉的刘备、关羽、张飞三兄弟，他们也满足桩子的简易概念：形象有序，也可以用来记忆信息。每个人身边一定存在大量你熟悉的人物，将他们排一个序列，记住序列就可以作为桩子使用了。比如一部电影，你看过之后可以快速找到一些明星来记忆信息，比如《中国合伙人》这部电影，我们可以马上将3位男主角制作成记忆桩子。

人物桩记忆范例

1. 加大绿化生态环境建设。

2. 完善和改进沙尘暴的检测手段，将沙尘灾害造成的损失降低到最低点。

3. 建立适宜的企业产业结构，合理利用资源。

4. 提高整个社会的环境保护意识。

使用人物桩子进行记忆：香港四大天王：刘德华、郭富城、黎明、张学友。

刘德华记忆信息：1. 加大绿化生态环境建设。

记忆方案：刘德华正在沙漠里面种树，加大了绿化生态环境的建设，防止风沙。

郭富城记忆信息：2. 完善和改进沙尘暴的检测手段，将沙尘灾害造成的损失降低到最低点。

记忆方案：郭富城在沙漠中间建立一个风车，风车的转速可以检测沙尘暴的猛烈程度，是沙尘暴的主要检测手段，完善风车可以想象给风车支架加固，改进风车的扇叶使之更粗，当沙尘暴到一定程度的时候风车会发出警报，附近居民带着财物撤离可以将沙尘暴的损失降到最低点。

黎明记忆信息：3. 建立适宜的企业产业结构，合理利用资源。

记忆方案：黎明在沙漠里建立适宜的企业——沙石运输企业，产业结构是销售建筑原材料和建造建筑，合理地利用了沙漠里的沙子资源。

张学友记忆信息：4. 提高整个社会的环境保护意识。

记忆方案：张学友把一个社会上踩草坪的孩子提了起来，提起来是提高，不让踩草坪是环境保护意识。

人物桩子串联的优点是逻辑性更强，联结顺畅，缺点是人物外形和性格需要事先熟悉，而且过于相似的人物容易混，要寻找他们之间的区别特征。

随机宫殿记忆一级建造师范例

1. 均衡性原则

在项目施工的不同阶段，工程项目施工资源的使用量应尽可能保持一致，应避免资源使用量忽多忽少，出现有人没事做或有事没人做的问题。

2. 连续性原则

在项目的施工过程中，应尽可能保持施工资源的连续使用，避免在施工过程中个别施工资源出现闲置的问题，避免出现施工资源的浪费问题。

标题转化做随机桩：

均衡=体积均衡的一袋袋水泥

连续=脸上胡须多=关羽

记忆：

在项目施工的不同阶段，工程项目施工资源的使用量应尽可能保持一致，应避免资源使用量忽多忽少，出现有人没事做或有事没人做的问题。

图像转化：

修路项目施工中，我先搬运水泥（桩子）到工地，然后在铺水泥的过程是在项目施工的不同阶段（在项目施工的不同阶段），工程项目施工使用的水泥资源必须前后保持一致（工程项目施工资源的使用量应尽可能保持一致），否则铺出来的路颜色不同就遭殃了。避免水泥资源使用在同一个地方的量忽多忽少，用压路机把水泥压平整（应避免资源使用量忽多忽少），将没活干的工人支使去搬运水泥（出现有人没事做或有事没人做的问题）。

在项目的施工过程中，应尽可能保持施工资源的连续使用，避免在施工过程中个别施工资源出现闲置的问题，避免出现施工资源的浪费问题。

图像转化：关羽（桩子）在用挖掘机修路，这个是项目施工过程，当他下班的瞬间把挖掘机交接给张飞继续开工，这样保持了施工资源挖掘机的连续使用，避免了在施工过程中施工资源闲置问题，想象张飞在没人监督的时候下挖掘机抽烟偷懒导致了施工资源挖掘机的浪费问题。

第四节　记忆宫殿之人物系统

背诵大量文字信息的时候我发现抽象词汇都是在人的生活的基础上建立起来的。假如我们脑海里存有大量人物编码，可以用人物的动作、表情、有逻辑的故事剧情来更快捷和牢固地记忆大量文字信息，这是物体编码很难做到的，因为它们是死像，没有情绪、没有感受、没有反应。

例如记忆：忧伤、痛苦、绝望、无情、哀伤——设计人物来记忆这些词汇：关羽忧伤（忧伤）地望着天空，痛哭（痛苦），绝望（绝望）地投河，岸上的人无情（无情）地笑，他哀伤（哀伤）地爬上岸来感叹世态炎凉。

如果使用闹钟这种没有生命的物体，很难表现出这些抽象词的记忆。人物图像的多样化决定了记忆效果，所以我们需要在脑海里存下大量人物编码作为文字记忆的演员。

我在脑海里建立了大约300个人物+200个卡通动物的系统，通过人物的多样性和他们的情感、动作、情绪反应、剧情来记忆文字。

我称这个300人物系统+200卡通动物的系统为文字记忆人物系统。下面我们通过范例来了解人物和卡通动物在文字记忆中的高效性。

人生犹如一次不尽如人意的海上旅程，我们都被安置在下等的仓房，能够找到一个通风透气的地方就应该心满意足。但是多数人还在为了上下铺之争而相互践踏，争吵不休，人为地增添很多额外的灾祸？——张方宇

记忆：

一个愁眉苦脸的人坐在下等仓里在海上旅行，船摇晃得厉害（人生犹如一次不尽如人意的海上旅程），他抱怨自己没钱揣大腿，因为被安置在下等仓房（我们都被安置在下等的仓房）。他走出仓房到船头吹风透气，感到心满意足开始微笑（能够找到一个通风透气的地方就已经应该心满意足）着呼吸新鲜空气。透完气回去的时候，他旁边上下铺的两个人发生争执开始打架，争吵不休（但是多数人还在为了上下铺之争而相互践踏，争吵不休）。他叹气地想：大家本已不幸，何苦继续人为地增添出很多额外的灾祸（人为地增添很多额外的灾祸）？

你怎么记？

_____

_____

_____

_____

记忆文字的时候先清晰地创造出一个或者多个人物，再通过人物来展开剧情记忆信息，人物的多样性可以帮助我们提升记忆效果。

第八章

数字编码系统

第一节　110数字图像编码

生活中我们需要记忆很多数字，如电话号码、历史年代、重量、长度、银行密码等，记忆高手大都是从数字记忆训练开始的。怎么记忆数字呢？

数字编码分为两位和三位甚至四位，国外的记忆选手使用3位数字编码者居多，这个和外国的基本记忆法分不开，他们将数字对应上字母，这样就可以把三位数字合成一个单词（图像词汇）来记忆数据了。

当记忆的信息条带有文字的时候，我们也需要将抽象文字转化成图像然后和数字衔接起来，如果你希望永远地记住它们，可以将数字和文字联结的故事安置在记忆宫殿。

数字110图像编码：

0：铁圈　1：铅笔　2：鸭子

3：耳朵　4：红旗　5：手

6：口哨　7：拐杖　8：葫芦

9：勺子　10：棒球　11：筷子

12：婴儿　13：医生　14：钥匙

15：鹦鹉　16：杨柳　17：陈浩南

18：尾巴　19：药酒　20：耳环

21：阿姨　22：鸳鸯　23：耳塞

24：耳饰　25：二胡　26：二流

27：耳机　28：二八大杠自行车　29：二舅

30：山洞　31：鲨鱼　32：扇儿

33：仙丹　34：绅士　35：珊瑚

36：山路　37：山鸡　38：沙发

39：三角　40：司令　41：司仪

42：柿儿　43：石山　44：石狮

45：师傅　46：石榴　47：司机

48：扫把　49：石球　50：五环

51：狐狸　52：孤儿　53：牡丹

54：武士　55：木屋　56：蜗牛

57：武器　58：苦瓜　59：五角

60：榴莲　61：轮椅　62：女儿

63：刘三姐　64：律师　65：老虎

66：溜溜球　67：楼梯　68：喇叭

69：牛角　70：麒麟　71：蜥蜴

72：企鹅　73：鸡蛋　74：骑士

75：积木　76：气流　77：蛐蛐

78：青蛙　79：气球　80：百灵

81：白蚁　82：靶儿　83：华山

84：消毒液　85：白虎　86：八路

87：白痴　88：爸爸　89：白酒

90：精灵　91：九姨太　92：球儿

93：救生圈　94：教师　95：酒壶

96：旧炉　97：酒席　98：酒吧

99：舅舅　00：望远镜　01：羚羊

02：铃儿　03：灵山　04：零食

05：灵符　06：灵力　07：令旗

08：篱笆　09：灵柩

这套数字编码仅供读者参考，数字编码是一种个性化的事物，以谐音编码为主，方便回忆，建议读者建立一套自己的数字编码，然后固定住就可以使用一辈子了。

记忆一长串数字时，我们分别通过故事法、锁链法、定桩法来记忆它们。

锁链法记忆数据：438967，想象石山（43=石山）上滑下一个芭蕉（89=芭蕉）掉入油漆（67=油漆）桶中。

故事法记忆手机号码示范：13737742184，一生气（137）生气气死（3774），儿要把尸（2184）体埋葬。

定桩法记忆数字8979323846，地点桩：我家的椅子上。想象我家的椅子上发生了以下画面：椅子上放着一杯白酒，白酒（89）上面有一个气球（79）飘出来，气球碰到天空中的扇儿（32），扇儿被碰飞到沙发（38）上，沙发上铺满了石榴（46）。

第二节　历史年代的记忆

1069年　王安石变法开始

1689年　中俄双方签订第一条边界条约《尼布楚条约》

1842年　中英双方签订近代中国历史上第一个不平等条约《南京条约》，中国开始沦为半殖民地半封建社会

1860年　英法联军攻陷北京洗劫圆明园，中英、中法《北京条约》签订

1883年　中法战争开始

1895年　《马关条约》签订

1901年　《辛丑条约》签订，清政府成为"洋人的朝廷"

1911年10月　武昌起义爆发

1919年　五四运动爆发，是中国新民主主义革命的开端

1955年　周恩来参加万隆会议

1688年　英国爆发"光荣革命"

记忆历史年代主要使用两种方法：谐音故事法+编码串联法。

1069年　王安石变法开始（1069 王安石）

记忆：你往俺头上砸石头（王安石=往俺头上扔石），然后我用牛角（69=牛角）吹号角喊让兄弟们用棒球（10=棒球）打你（69 10顺序互换一下）。

1689年　中俄双方签订第一条边界条约《尼布楚条约》（中俄 尼布楚 1689）

记忆：肚子中间（中俄）饿了，你不出（尼布楚）钱买吃的，却和我一路把酒（1689=一路把酒）言欢喝酒回家了。

1842年　中英双方签订近代中国历史上第一个不平等条约《南京条约》，中国开始沦为半殖民地半封建社会（南京 半殖民地中英 1842）

记忆：男人进（南京）来拿着板子吹着鸣笛（半殖民地），手中握着硬（中英）币买了一包柿儿（1842=一包柿儿）吃。

1860年　英法联军攻陷北京洗劫圆明园，中英、中法《北京条约》签订（北京条约 1860）

记忆：一个人在北京天安门跳跃（北京条约），跳下来的过程中从腰包里掏出榴莲（18=腰包，60=榴莲）。

1883年　中法战争开始

记忆：一个中分头发的人和别人打架发生战争（中法战争=中分头发的人打架），一巴（18）掌把（8）别人扇（3）倒在地。

1895年　《马关条约》签订

记忆：一个白酒壶里面关着马（1895＝一个白酒壶，马关＝关马）。

1901年　《辛丑条约》签订，清政府成为"洋人的朝廷"（辛丑1901）

记忆：用薪酬买药酒，淋药在伤口（辛丑＝薪酬，19＝药酒，01＝淋药）。

1911年10月　武昌起义爆发（1911.10武昌起义）

记忆：1个911（1911）的恐怖分子拿着棒球（10＝棒球）跳舞唱（武昌）歌，警察起疑（起义）把他抓了起来。

1919年　五四运动爆发，是中国新民主主义革命的开端（1919 五四运动 中国新民主主义革开）

记忆：1919一样记忆成19，想象衣服很旧（19＝衣旧）的武士（五四＝武士）拿着新的夜明珠（新民主＝新夜明珠）任命一个人割开（革命的开端）。

1955年　周恩来参加万隆会议

记忆：周恩来玩弄着一个酒壶用五指抓（玩弄＝万隆，一个酒壶五指抓＝1955）。

1688年　英国爆发"光荣革命"

记忆：一路抱抱（1688=一路抱抱）很多英国美女，很光荣（英国爆发"光荣革命"）。

1789年　法国颁布《人权宣言》

1947年3月　杜鲁门主义（美国）

1967年　欧洲共同体成立

1938年9月　慕尼黑阴谋

1939年9月1日　二战全面爆发

1941年12月　太平洋战争爆发

1944年6月6日　诺曼底登陆

1856年　第二次鸦片战争爆发

1894年　甲午中日战争爆发

1789年　法国颁布《人权宣言》

记忆：两个人一起把酒（1789=一起把酒）杯举起来，其中一个人是法国（法国）球星齐达内，他握着拳头（人权=人握着拳头）在宣言（宣言）。

1947年3月　杜鲁门主义（美国）

记忆：一个旧石器（1947=一旧石器）上站着一个肚皮露（杜鲁=肚

皮露）出来手扶着门（门）的美国（美国）人玛丽莲梦露拄着一（主义=拄着一个）个拐杖。

1967年　欧洲共同体成立

记忆：一群欧洲（欧洲）人共同（共同）在城里（成立）要交流起（1967=要交流起）来。

1938年9月　慕尼黑阴谋

记忆：在一个旧的伤疤（1938=一个旧伤疤）上抹点药酒（9=酒），有伤疤的人是德国拜仁慕尼黑（慕尼黑）的球员巴拉克，他一直抹（阴谋=一直抹）药。

1939年9月1日　二战全面爆发

记忆：一个叫上酒（1939=一个叫上酒）的人武松就要（91）喝酒了，然后因为酒不合口味和店小二个人的战斗爆发（二战全面爆发）了。

1941年12月　太平洋战争爆发

记忆：一个教师拿着一支粉笔画了一个婴儿（1941.12=一个教师拿着一支粉笔在黑板上画了一个婴儿；94=教师，1=粉笔，12=婴儿），太平洋上战争爆发（太平洋战争爆发）时两艘船对轰的画面。

1944年6月6日　诺曼底登陆

记忆：一个破旧的石狮（1944＝一个旧石狮）上有一个溜溜（6月6日＝溜溜球）球，落下来慢慢掉到地（诺曼底＝落下来慢慢掉在地上）上。

1856年　第二次鸦片战争爆发

记忆：一只白色的蜗牛（1856＝一只白色蜗牛）饿（二＝饿）了和另外一只蜗牛战争抢鸦片（鸦片战争）吃。

1894年　甲午中日战争爆发

记忆：一个穿白衣的教师（1894＝一个白衣教师）用筷子夹着午（甲午＝夹着午饭）饭吃，中午日光照射很强，很热要扇扇子（中日＝中午日光强）。

记忆历史事件的时候，我们可以找到一些规律，比如抗日战争的年代都是19××年，晚清大都是18××年，那么意味着这个时间段的历史年代只需要记忆后面的两位数年代即可。

詹姆士·波尔克 1845—1848

扎卡里·泰勒 1849—1850

米勒德·菲尔莫尔 1850—1852

富兰克林·皮尔斯 1853—1856

詹姆士·布坎南 1857—1860

亚伯拉罕·林肯 1861—1865

安德鲁·约翰逊 1865—1868

尤里塞斯·格兰特 1869—1876

拉瑟福德·海斯 1877—1880

詹姆士·加菲尔德1881

切斯特·阿瑟 1881—1884

（人物生卒年为虚构）

所有年份都是18××——18××年，归纳简化删除掉18不记忆。

詹姆士·波尔克 1845—1848

归纳简化：詹姆士·波尔克 45 48（删除掉18）

记忆：站着的牧师（詹姆士）播放一个儿子可（波尔克）以看的卡通片，片子中正在放映食物在石板上（45=食物，48=石板）的镜头。

扎卡里·泰勒 4950（1849—1850；18不记）

记忆：物理老师（4950=是教我物理的=物理老师）在卡里去取出太多钱了（扎卡里·泰勒=在卡里取太多钱了）。

米勒德·菲尔莫尔 50 52 （1850—1852）

记忆：弥勒佛在嘚（米勒德）瑟地笑，他摸自己的肥耳朵（菲尔莫尔），然后在屋50里捂5住耳2朵。

富兰克林·皮尔斯 53 56

记忆：富裕的男人刻意拧（ 富兰克林=富男刻拧）着顽皮的儿子死（皮尔斯=皮儿死）劲打，我上午路（53 56=我上午路）过看到了。

詹姆士·布坎南 57 60

记忆：站着的母马死（詹姆士=站母死）掉了，一个很不好看的男（布坎南=不看男）子过来坐在马身上用武器（57）劈开榴莲（60）吃。

亚伯拉罕·林肯 61 65

记忆：亚伯拉罕·林肯留（61）意留（65）屋子里的人。

安德鲁·约翰逊 65 68

记忆：被人按住的鹿（安德鲁）越喊越大声，被别人抓去当驯鹿（约翰逊），鹿背着尿壶（65=尿壶）在路6上拉粑8粑。

尤里塞斯·格兰特 69 76

记忆：有力气的大力士在太阳底下被晒死（尤里塞斯），一个男人特地来收尸（格兰特），用牛角（69）吹气流（76）发出声音求助。

拉瑟福德·海斯 77 80

记忆：蓝色（拉瑟）胡子的（福德）人在海边（海斯）思考，思考完把一个机器（77）放进包（80）里。

詹姆斯·加菲尔德 81

记忆：我站着目视（詹姆斯=站目视）加菲猫耳朵（加菲尔德），给他穿白衣（81）。

切斯特·阿瑟 81 84

记忆：切丝特（切斯特）慢的厨师，碍事（阿瑟）儿，被赶出去摆一瓶百事可乐（8184=摆上一瓶百事可乐=百事可乐）给顾客喝。

第三节　化学公式记忆

$3Na_2S+8HNO_3=6NaNO_3+2NO$（气体）$+3S$（沉淀）$+4H_2O$

分析：这个方程式由两部分组成，一部分是数字，一部分是化合物，拆分归纳为数字记忆和化合物记忆就会省事一些。

数字记忆：386234——一个妇女（38=妇女）在路（6）上看到一个和尚（23）在寺（4）庙里。

编码：Na_2S=拿着耳饰；HNO_3=硝酸=小酸菜；$NaNO_3$=硝酸钠=小酸菜手拿；NO=不=摇头的动作；S=superman=超人；H_2O=水

化合物串联记忆：我拿着耳饰（Na2S）放在小酸菜（HNO_3）上，递给摇头（NO）不想要的超人（S），他在喝水（H_2O）。

前面已经记住了数字，每一个数字对应一个相应的化合物：3对应Na2S；8对应HNO_3；6对应$NaNO_3$；2对应NO；3对应S；4对应H_2O。

通过归纳把化学方程式里的数字先整理在一起用故事法串联记忆，然后化合物再整合在一起用故事法串联记忆，最后再把它们一一对应来还原信息。读者也可以通过元素守恒和化合价的规律推导出后面半部分方程式。

第四节　人名与头像记忆

以前我是一个很容易忘记名字的人，学习记忆宫殿许多年后，记忆人名几乎成了我快乐的一个源头，我可以快速将人名转换成图像然后和他们的名字挂钩，过一段时间再复述出他们的名字，这样会很有成就感。

人名和头像的关联是一个一对一配对联想的任务，我通常会直接记住人物的脸，因为我天生对于人脸的记忆能力就很不错，然后把他的名字和他本人联结起来。

王一帆——想象当事人往一个帆船上走上去（王一帆=往一个帆船）。

贾俊恒——想象当事人背得家具很多走不动了（贾俊恒=家具很多）。

胡伟海——想象当事人比护卫矮，在和护卫比身高（胡伟海=比护卫矮）。

在生活中很多人都有轻微的脸盲，这类人在记忆人名和头像的关联上得更下一番功夫，就是必须寻找到当事人的一些独特特征来识别他们。

如果我们不擅长人名头像的识别，可以使用以下流程：

确保知道了精确的名字，我们可能会使用谐音编码记忆对方的名字，但是谐音不是一个完整的学习，我们必须确保最后不把对方的名字写错，比如不把王恒写成王衡。

编码他们的名字，赋予他们的名字意义。

关注对方的独特特征，例如：疤痕、痣、大小眼、丰满的嘴唇、黑白相间的络腮胡子等，这时候你的观察力该出场了。

间隔一定时间就复习一次记忆过的人名确保万无一失。

上面提到了观察当事人的特征，那么如果你有轻微的脸盲就让名字编码的图像和独特特征进行视觉关联。

张发染了一头黄头发，可以想象他头上有很多刚出生的黄鸡崽，鸡崽长出了头发（长出头发=张发）。

李碧晨联想有一对小酒窝，可以想象你用鼻子去蹭她的酒窝（李碧晨=你用鼻子蹭）。

付建兴有一对大门牙，他用大门牙反复地咬来捡起一封信（付建新=

反复捡信）。

当我们记住一个人的人名之后，在1分钟内尽快地复习一次，因为名字编码大多是谐音图像，我们尽可能在脑海里想清楚真正的名字是什么。我们在记忆连续人名的时候尽可能保持一个间隔时间，给自己多一些时间建立一个更好的记忆联系。

如果一些人名对我们非常重要，我们也可以将他们转码图像并且安置在我们的记忆宫殿中，然后用记忆宫殿搜索来复习他们，这样我们能一次性复述成百上千个人名。

第九章

如何记忆单词和古诗文

第一节　五种方法记单词

空杯心态，属于心理学概念，象征意义是做事的前提是先要有好心态。如果想学到更多学问，先要把自己想象成"一个空着的杯子"，而不是骄傲自满。 想成为单词的记忆高手，首先要放下偏见，让自己拥有空杯心态。

目前词根词缀是记忆的一个主流，一种方法是不是最好的是和其他方法比较的结果，所以这里我主要想说说时下主流的词根词缀记忆法一些缺点。

在记忆单词的时候，同一个单词出现的时候，我的脑海中会出现3种以上的记忆方案，然后选择其中一个最合理的方案。

1. 说词根词缀好的人大多是主张记住了300～500个词根词缀后，将大量单词在脑子里面进行组合。但是残酷的现实是大多数2～5个的英语字母词根是很难长期记住的。如果使用记忆宫殿技巧的话，可以短时间内让你记住并且顺序和倒序背诵它们。

举几个例子：pre-，mut-，cur-，am-，brev，cede-，hyper-，hypo-，pseudo-，-soph-，-rupt- 你能记住吗？再举一些3~4个字母的英语单词例子，看看用死记硬背来记忆：parl，dew，ail，wan，ado，wane，ebb，hive，vir，vis，hymn，sly，rave，ruse，daub。可见词根死记硬背困难是词根词缀记忆法的一个致命弱点。

这些词根用联想可以快速记住，词根：wan 病态的——病态的人要wan完蛋死掉。daub 乱涂——大da人在油饼ub上乱涂乱画。

2. 词根词缀究竟能覆盖多少单词，这是个未知数，没人能说清楚。下面有对一部有47000单词的字典的统计。2~6个字母单词占16241个，这些单词多数不含词根，占了35%的总量。究竟还有多少其他单词不含词根词缀，没有具体统计，但应该是不少的。还有一些单词有一部分含有一个词根词缀，但剩下的部分一点词根都没有，和不含没有区别，这样的单词数量是超多的，我在市面上看到的词根书，几乎没有能覆盖完初中和小学单词的词根书，只是覆盖一部分。

字母数	单词总计
2	56
3	901
4	3251
5	5180
6	6853
7	7221

8	6958
9	6157
10	4572
11	2936
12	1754
13	986
14	469
15	236
16	124
17	70
18	20
19	16
20	9
21	1
29	1
45	1

这个数据统计告诉我们很多单词并没有词根。

以上这些词根词缀记忆法的缺点都是可以用一种办法克服的，这种方法叫编码记忆法（将所有我们要记忆的信息编码成熟悉的小板块联系起来）。

词根词缀我们可以用编码法先记住，然后往单词里面套，没有词根的时候我们选用其他编码去记忆，这样我们就能更高效地记忆单词了。

至于编码法，不同的编码回忆率是不一样的，记忆高手做出来的联想回忆保持率也许是新手的3~10倍，所以会出现部分记忆新手使用后记忆效率不高的问题。

我示范一些相对回忆率较高的单词联结：

tidy 整洁的——抽屉ti里有件整洁的大衣dy。

rude 粗鲁的——如ru果遇到粗鲁的de人，我们会讨厌他。

tide 潮水——我感冒了鼻涕ti流得de如潮水。

center 中心——一分cent（cent 分）钱放在儿er子手中心。

bury 掩埋——掩埋死人不bu容易ry，累了一上午。

hazard 危险，公害——一边哈ha哈笑一边扎za人的rd护士太危险了，人们已经把她当成公害。

高质量联结的单词往往具有一个完整的逻辑链，而不是随机使用代码拼凑而成的。

使用编码法+词根法一箭n雕记忆单词：

plex 重叠

词根plex的意思类同overlap，有"重叠"的意思，所构成的单词意思也就围绕这些意思展开。

先记住词根：

plex 重叠——胖pl了的ex一休的双下巴重叠了。

com 共同——所有网站共同都是www.×××××.com，所有可以记住com词根意思共同。

使用了编码法和联系技巧将词根记住。

complex ['kompleks] 复杂的

com全部+plex重叠=complex复杂的——抽屉里面的东西全部重叠很乱很复杂。

complexion [kam'plekʃon] 面色，面貌com全部+plex重叠+ion名词=complexion面色——complex+ion（名词后缀）=人的面色很复杂，例如京剧变脸。

du双+plex重叠=duplex双重的

词根：du 双——肚du子饿用筷子吃饭，筷子是一双。

duplex I'dju：pleks] 两倍的，双重的

per自始至终+ plex 重叠= perplex 困惑

perplex [pa'pleks] 使困惑，使复杂——我想解开鞋带，但是它们自始至终重叠混乱，让我很困惑。

dict，dic 说话，断言

词根说明： 词根dict，dic的意思类同speak，有"说话，断言"的意思，所构成的单词意思也就围绕这些意思延展。

编码法记忆词根：

dict 说——抵di达餐厅ct说话点菜。

dictate [dik'teit] 口述

dict说话+ate动作=dictate 口述

diction ['drkʃon] 用词

dict说话+ion名词=diction 用词

dictionary ['dukʃe'neri]字典

diction 用词+ary表名词=dictionary字典

dictum['diktam]宣言

dict说话+um（编码成幽默的人比如相声演员）=dictum 宣言——说dict话很幽默um的人在宣言。

benediction['bene'dukʃen] 祝福

词根记忆：bene 好——奔ben跑的鹅e好快。

bene好+dict说话+ion名词=benediction 祝福

contradict[kontra'dikt]反驳

词根记忆：contra反——contract 合同——合同不能违反的（contract联系记忆contra）

contra反+dict说话=contradict反驳

做单词记忆培训时，我们每天会花2个小时来背英语单词，如果你每天能花3小时用记忆技巧来背单词，我相信你可以在20天内背下四级所有单词。我曾经在1个多月的时间内帮助我的学生背下高中所有单词并且高考最后几个月内英语成绩提高了34分。

其次我想说的是：态度永远比能力重要，这个学生之所以能够逆袭，不是因为她的能力和天赋过人，而是她从始至终都保持着勤勤恳恳、认真踏实的态度，只是我帮她改变了记忆信息的方式而已。

一个人的能力可以通过掌握正确的方法快速提高，而一个人的态度是十多年养成的习惯，这个非常难以改变，所以不论如何，在你看到这些记忆技巧之前，必须先想想如何去改善你的态度做你生命中将要遇到的每一件事，这样你的人生一定会更成功。

这个世界上最宝贵的东西是时间，谁能够在更少的时间内学习更多信息，他就拥有了更多胜利的筹码。真相是只有你跑得比时间快，你才能改变故事的结局。

记忆单词的五大方法：

1.拆分联想记忆法；

2.词根词缀一带多法；

3.整体谐音记忆法；

4.归纳整理一带多法；

5.类比相似单词记忆法。

在做记忆培训的时候，我主要使用的就是这五种方法记忆单词，也许你会说，哎呀，这种方法满大街都是。但等你深入了解单词记忆后就会发现，不同的人做出来的联想完全不是同一个效果，也就是说联想是有质量的，一个好的联想往往可以让你记得更久更牢固。

记忆有三个维度：速度、宽度、长度。速度就是追求记得快！宽度是能记忆信息的领域和量更多！长度是联想一次能保持住多久！你是否看过无数的记忆单词书籍，但是依然发现一个问题，就是你还是忘了又看，看了又忘。问题可能就出在大量的记忆书籍的联想的质量不是很好，记忆不了多久，亦或发音联系的单词过多，拼写回忆困难，或者当事人复习不规律+脑海中并没有呈现画面只是在默念单词记忆书上的联想句子等导致遗忘过多。

完美主义者的我一直在试图将每一个单词编码出最完美的联想，所以我经常将一个单词反复进行各种编码，然后对着不同的编码像欣赏艺术品一样去审视，再进行修改调整。

1.拆分成熟悉板块联想记忆。

范例：

mania 狂躁——骂（ma）你（ni）啊（a），狂躁吧!

总结：这个是典型的拆分成熟悉板块记忆，拆分成中文拼音：ma（骂）、ni（你）、啊（a）和含义狂躁联想结合在一起记忆，这样记忆的好处是侧重于单词的拼写，不容易拼写出错，缺陷是单词的发音需要多读记忆，这种记忆方案在记忆单词中可能是使用频率最多的。

menu 菜单——我me（me 我）怒nu了，菜单上的菜太贵了。

tease 戏弄，取笑——喝茶tea（tea茶）的色se狼戏弄女服务员。

reliance 依靠——热relian恋的情侣依靠在厕ce所里。

menace 威胁——我me（me 我）那na个ce彻底分手的女友威胁我要分手费。

bare 裸露的，光秃秃的——爸ba爸re热天洗澡裸露身子。

aware 知道——一只a袜wa子还是热re的我知道刚才有人穿过。

awake 醒着的，唤醒——一只a（a一个）臭wa袜子ke可以把你臭醒。

guilt 有罪，内疚——跪gui地的老头lt（lt是老头的缩写）有罪，内心愧疚。

instant 瞬间——在in（in 在）身体st踩到蚂蚁ant（ant 蚂蚁）的瞬间，蚂蚁就嗝屁了。

我做这几个拆分单词成熟悉板块记忆单词的范例想让读者们知道三件事：①单词的拼写和含义通过联想联结在一起时，造句的逻辑性越强记忆的保持率就越高。② 尽可能让我们的联想成一个动态的画面。③拆分联结单词的时候，我们拆分的板块尽可能大、尽可能合理且熟悉对你的记忆效果是有很大帮助的。比如：change 改变——嫦change娥化妆改变外表，她太丑了！你会发现我拆分的小板块很大如：chang被拆分成了嫦，这样回忆的时候是一个大的熟悉整体板块可以让你的记忆负重更小。

　　2. 词根词缀联想记忆范例：

　　abuse 滥用——词根：ab（词根：ab 相反）+use（使用）=相反的使用药物方法就是滥用药物！

　　react 反应——re（词根：re 反复）反复喝冰水的act行为（act 行为）反映了人们怕热。

　　remain 保持——re（词根：re 反复）反复运动的妈ma妈在in（in 在）减肥，保持身材！

　　词根：pro 向前——仆人pr（pr是仆人的首字母缩写）拿着篮o球（o 象形篮球）向前投篮。

　　词根：ject 扔——两只狗饥饿je的时候，扔食物会引起冲突ct。

　　project 方案——向前pro（词根：pro 向前）扔ject（ject 扔）进垃圾桶的方案是不好的方案。

　　protest 抗议——老师提前 pro（词根：pro 向前）考试test（test 考试）遭到学生的抗议！

　　inspect 检查——in（词根：向内）+spect（词根：看）=向内看，

检查口袋。

总结：词根词缀好比汉语文字的偏旁和部首，例如：们和住都是单人旁，如果我们记住了词根词缀就好比记住了单词的偏旁部首可以组成很多新单词，词根词缀的数量越多，记忆新单词的速度越快，缺点是单词的发音要通过多晨读来记忆。电影《叶问》中有句台词叫作：我要打十个！如果你掌握了大量词根就意味着可以大量地套用它们去做联想记忆新单词，以一敌十。

3. 利用单词的发音谐音和单词含义进行联想记忆范例：

silence 安静的——塞外冷死了，还很安静（silence整体谐音发音：塞冷死）。

violence 强力——外面冷死了，碰上强力冷空气（violence整体谐音发音：外冷死）。

speed 速度——单词发音：食屁的，他放屁了，周围的人食屁的速度非常快。

evidence 证据——单词发音：挨喂等死，挨喂了毒药等死，下毒证据是什么？

confess 承认；悔过——单词发音：肯反思，一个人承认自己犯错，肯反思，悔过了。

famish 饥饿——单词发音：饭米食，饭和米食给饥饿的人吃。

gauge 测量——单词发音：给纸，给纸张把测量的数据写上去。

impeach 弹劾——单词发音：应批斥，被弹劾的人应该被批评斥责。

总结：这种记忆方法的优点是记住了单词的发音和含义，因为大量单词用中文谐音的发音和英文的真实发音对不上，而且会有拼写错误的副作用，通常看情况使用，适用于短单词和精通单词发音规则的人。

4. 归纳整理法是将同类单词整理在一起记忆以减少记忆负重的一种记忆方法。

小单词套记忆大单词范例：

pill 药——p（看作pig猪）猪生病ill（ill 病）了要吃药。

pillar 柱子——嗑药pill（pill 药丸）的爱人ar昏倒在柱子旁边。

同类单词串记范例：ear 耳朵 year 年 dear 亲爱的 bear 熊 fear 害怕 tear 眼泪 pear 梨树 wear 穿着

故事法串记单词：熊（bear熊）害怕（fear 害怕）爬梨树（pear 梨树）摔下来流眼泪（tear 眼泪），耳朵（ear 耳朵）被穿着（wear 穿着）围裙的熊妈妈拧住说：亲爱（dear 亲爱的）的回家过year（year 年）了。

记忆单词使用一带一路归纳串记策略，可以让你的单词量倍增。市面上有很多单词书都是将同类单词归类起来的，读者可以自行去购买这些归纳整理的单词记忆书，然后使用记忆法串记。

单词记忆得多的时候会有一种感觉，像我们记忆古诗和口诀轻松的原因是因为尾音相通，如果我们将同类单词整理在一起记忆就达到了同化的效果。

单词整理范例：age 年纪 garage 车库、汽车修理站 manage 经营 cage 笼子 wage 工资、报应

故事法串记：年纪（age 年纪）大的大叔在汽车修理（garage 车库；汽车修理站）站经营（manage 经营）一家修车店，现在正坐在笼

子（cage 笼子）上给员工发工资（wage工资；报应）。

词根归纳记忆同词根单词范例：

pro=往前

prospect 前途；预期——往前（pro=往前）看（spect 看）可以看到自己的前途。

progress 进步，发展；前进——往前pro（pro 向前）走的一个人gr饿e了去吃面ss条（gr是个人的缩写，e是饿，ss象形面条），向前走是进步，接下来的发展剧情是吃面。

port 港口——老婆po让他rt去港口接她（rt让他缩写）。

inport 进口——in（词根：向内）+port（港口）=向内进口东西的港口。

export 出口——ex（词根：出）+port（港口）=出口。

总结：提前背诵大量词根，然后购买将相同词根单词整理在一起的单词书一起记忆可以事半功倍。

5. 类比记忆法，将相似的单词进行类比记忆。

quite 相当——取qu出一个相当大的蜡i烛（i象形蜡烛）很特te别。

quiet 安静地——和上面的单词结尾的et和te顺序相反。

adapt 适应——一个a人打da喷嚏pt，适应不了天气感冒了。

adopt 采用——打喷嚏采用药物治疗，药物是圆形的，圆形记忆差别字母o。

adept 精于，内行——圆形药片是内行的医e（e谐音）生给的。

sleep 睡觉——睡了sl的e鹅一屁股ep坐在地上。

steep 陡坡——和sleep很相似，区别是t和l，想象陡坡上睡着的一个人背着一根棍子，t比l多一横，想象这一横是一根棍子。

hose 软管——大象的鼻子（nose是鼻子，hose和nose有点类似）是个软hose管。

regard 留意；注视——大re热天嘎ga嘎叫的鸭子惹得rd人们注视它。

regards 问候——差异和regard多一个s，我们平时爱留意（regard 留意）美s女，然后上去问候她们要电话号码（美女前凸后翘象形编码为s）。

学员单词训练范例：

nuance 细微差别——暖nuan男在厕ce所里照镜子，看自己的外表有没有变老的细微差别，有没有产生新的皱纹。

nuan发现了它是暖，ce发现了它是可以是厕所，然后创造联结：nuan（暖男）+ce（厕所）+细微差别。

theme 主题——这the（the 这）个主题是我me（me 我）设计的。

lounge 休息厅，休息室——搂lou住门n（n象形门）的哥ge们太累了，需要去休息室。

crayon 蜡笔——成人cr阿姨ay手上on拿着蜡笔。

crazy 疯狂——超人cr吃了一a粒中药zy发疯了。

cream 奶油——成人cre饿了吃奶油，店小二上的慢挨am骂！

creature 动物——超人cr吃eat了有u些热re的烤动物肉。

create 创造力——超人cr吃eat了鹅e腿有了创造力。

equal 相等的——鹅e去qu看望阿狸al，因为阿狸以前也常常去看它，友谊是相等的付出（al是阿狸的缩写）。

单词记忆技巧掌握娴熟之后，个人建议背一些新概念的英语文章，这样可以更快地提升英语口语和语法综合能力，在教授学员背诵《新概念2》的96篇英语文章的时候，我明显感觉到学员的英语口语和语法能力都得到了大幅度提高。

第二节　单词记忆心路历程与复习策略

初学者学习记忆单词技巧容易受挫，原因有很多，比如联结质量差容易忘、联结速度慢、没办法瞬间成为单词记忆达人心理落差太大等。

我初学记忆单词技巧时也是如此，但是经过3个月的训练，我每天编码记忆50个单词，记忆速度得到了突飞猛进，从30秒一个单词到3秒联结记忆一个单词，这中间有一个积累小编码的过程，当我的大脑中储存足够的单词小编码和词根后，例如：al按照首字母发音编码为阿狸，ty编码成太医，词根pro是向前，pre是预先等，单词的小编码+词根和单词记忆的训练量积累到一定程度就会突飞猛进，但是很多初学记忆法的人容易因为暂时的挫败而放弃这种方法。

单词的提取速度问题，很多单词背到最后已经没有所谓的回忆转码图像的过程，比如equal（平等）这个单词我看到的瞬间就知道是平等，因为我以前转过图像编码记忆它，但是在这个单词成为我的长期记忆以后就没有回忆转码的过程了，直接回忆到单词的含义。所以其实不论用机械记忆还是图像记忆，得到的记忆结果都是一样的。

记忆单词需不需要使用记忆宫殿的问题，单词属于1对1的短联结，只是单词拼写或者读音和单词含义的一个联结，我们并不需要记住海量单词的顺序，所以其实记忆单词并不需要记忆宫殿，但是使用记忆宫殿可以帮助你记住海量单词的序，例如整本《牛津字典》。

背单词的时候，我们首先得有合理的动机和清晰的认识，使用记忆法快速记忆单词只是帮助我们提高效率的方法，使用这些单词去交流才是我们的目的，所以我们记住单词后要在生活中多寻找机会去使用它们，而使用单词本身也是复习的策略之一。

合理的时间分配是记忆单词的关键，因为人脑具有遗忘先快后慢的特性，所以每当我们背单词完毕后，间隔一定时间就回去复习一次，这样做的好处就是迎合人脑遗忘的特性，更大限度地将记忆过的信息变成长期记忆。所以记忆单词一定不要急于求成，盲目贪多。

每天使用记忆法背诵100~200个单词，一面单词50个，然后背2面复习一次，将遗忘的单词勾出来，后期重点复习容易忘记的。

记忆一定要超前，高中时期的3500个单词，使用记忆技巧可以在20~30天就完全记下来。能提前进入单词记忆的复习循环就像占领了英语学习的高地，别人还在预习你却在复习，你多半会成为英语学习上的赢家。

平时复习尽量做到：蒙上英文复习中文含义，蒙上英文看中文复习英文拼写，双向复习，一面单词控制遗忘的单词量在2个以内，平时多抽空晨读提升口语能力。

第三节　古诗文记忆

　　古诗文记忆是语文学习中的一个难点，从记忆理论上来看，我们对信息的理解程度和需要的画面是成反比的，所以古诗文记忆需要的画面相对而言会更多一些，而且古人表达的习惯和现在也不一样，所以需要熟读信息的次数也会多一些。

　　古诗文记忆流程：1. 可以先尝试分析一下古诗文的逻辑层次。2. 古诗文情景化比较强，情景化很强的可以使用情景记忆。3. 情景化很弱的，使用关键词编码联结记忆。4. 超长的古诗文使用记忆宫殿去记忆会更好。

白雪歌送武判官归京

（唐）岑参

北风卷地白草折，胡天八月即飞雪。

忽如一夜春风来，千树万树梨花开。

散入珠帘湿罗幕，狐裘不暖锦衾薄。

将军角弓不得控，都护铁衣冷难着。

瀚海阑干百丈冰，愁云惨淡万里凝。

中军置酒饮归客，胡琴琵琶与羌笛。

纷纷暮雪下辕门，风掣红旗冻不翻。

轮台东门送君去，去时雪满天山路。

山回路转不见君，雪上空留马行处。

信息大层次：景色和送别，然后景色分为雪和雪的感想+室内景色+雪后外面的世界，送别分为：军中送+轮台送+离别后。

景色第一层：写大雪纷飞的奇丽景象。

北风卷地白草折，胡天八月即飞雪。忽如一夜春风来，千树万树梨花开。

图像转化记忆：北风卷起地上的百草并折断它们（北风卷地白草折）。胡歌在草地上看着天（胡天=胡歌看天）空，把月（八月=把月）饼吃完时下飞雪（即飞雪）了。忽然一个老大爷嘴唇吹过一阵风来（忽如一夜春风来=一个老大爷嘴唇风吹来），老大爷靠在许多梨花树林下，梨花树开花了（千树万树梨花开）。

记忆经验：信息本身自带是画面的不需要转化的，将内部抽象信息用图像代替即可。

景色第二层：用反衬法写雪天的奇寒。

散入珠帘湿罗幕，狐裘不暖锦衾薄。

将军角弓不得控，都护铁衣冷难着。

图像转化记忆：雪花散入珠帘打湿了罗幕（散入珠帘湿罗幕），室内的人穿着狐裘也不暖加了一层锦被也还嫌太薄（狐裘不暖锦衾薄）。穿着锦被的将军拉弓箭拉不开（将军角弓不得控），周围都是狐皮（都护）的铁甲冰冷得让人难以穿着（铁衣冷难着）。

信息本身自带画面，故很多直接想象翻译画面记忆。

景色第三层：用夸张笔法总写雪后沙漠冰封、愁云惨淡的图景。

瀚海阑干百丈冰，愁云惨淡万里凝。

图像转化记忆：浩瀚的海边有栏杆，海面上有很深的冰（瀚海阑干百丈冰；阑干=栏杆），天空中都是乌云惨淡万里凝聚在一起（愁云惨淡万里凝）。

送别第一层：写军中设宴饯别。

中军置酒饮归客，胡琴琵琶与羌笛。

图像转化记忆：主帅帐中摆酒为归客饯行，胡琴琵琶羌笛合奏来助兴。

纷纷暮雪下辕门，风掣红旗冻不翻。

图像转换记忆：傍晚辕门（辕门：军营的门。古代军队扎营，用车环围，出入处以两车车辕相向竖立，状如门）前大雪落个不停，红旗冻住了，风无法牵引。

送别第二层：写轮台东门送别。

轮台东门送君去，去时雪满天山路。

图像转化记忆：开车车轮胎到洞门停下送君离开（轮台东门送君去，轮台=轮胎），离去的时候雪满天在山路上（去时雪满天山路）。

送别第三层：送别后的景象。

山回路转不见君，雪上空留马行处。

图像转化记忆：山路迂回曲折已看不见送走的客人，雪上只留下一行马蹄印迹。

经验分享：本诗记忆中我几乎将所有信息都转换成了图像，真实的实战记忆古诗文过程中,一般一个句子我会提取部分关键词转化成图像记忆+熟读来背诵,例如:人生自古谁无死,留取丹心照汗青。提取关键词:人、古、死、心、汗青——古人死被刺心脏,身上有很多汗穿着青衣(脑海画面)。

记忆古诗文的时候,我们一般采用调取本身情景画面和歪曲的谐音转化的图像画面两种方法来记忆,但是谐音编码歪曲后应尽量让图像画面符合逻辑,这样记忆效果会比较好。

鬼谷子

奥若稽古圣人之在天地间也,为众生之先,关阴阳之开阖以名命物,知存亡之门户,筹策万类之终始,达人之心理,见变化之朕焉,而守司其门户,故圣人之在天下也,自古及今,其道一也。

变化无穷,各有所归,或阴或阳,或柔或刚,或开或闭,或驰或张。是故圣人守司其门户,审察其所先后,度权量能,校其伎巧短长。

分析:将信息转化成图像放入我家的地点桩记忆它们。

第1个地点啤酒瓶:第一句话(奥若稽古圣人之在天地间也)藏獒弱智用啤酒瓶击鼓,圣人孔子,在天地之间站着指着藏獒的头。

第2个地点椅子:椅子上一个伟人走在众人的前面(为众生之先)。

第3个地点筷子:(关阴阳之开阖以名命物)关羽用筷子夹起阴阳人太监打开的盒子,里面的东西,以名字命物为:夜明珠。

第4个地点碗：碗里有个成功人士李嘉诚，他知道存亡在于自己自立门户（知存亡之门户），所以在碗里面建立了一扇门。

第5个地点高压锅，高压锅里一个人抽车子上玩累的娃儿，始终不醒（筹策万类之终始）。

第6个地点电饭锅，一个恶棍打完人，在电饭锅里自责（达人之心理）。

第7个地点时钟，一个人看时种，见时间变化，睁开眼放出光芒（见变化之朕焉）。

第8个地点门，寿司挂在门上（守司其门户）。

第9个地点衣架，一个拿着鼓的圣人，舔了一下衣架（故圣人之在天下也）。

第10个地点水表，大力士拿起刀对着水表一劈（历史=大力士；其道一也）。

第11个地点窗户，孙悟空在窗户上跳舞（变化无穷=孙悟空）。

第12个地点墙壁，（各有所归）葛优锁墙壁上的柜子。

第13个地点壁橱，（或阴或阳，或柔或刚，或开或闭，或驰或张=阴阳，柔刚，开闭，驰张）壁橱上的太监肉刚硬，他很多肌肉，嘴巴开闭，然后奔跑飞驰撞上张飞。

第14个地点水槽，（是故圣人守司其门户）水槽里古时候的圣人孔子吃寿司在门上。

第15个地点木板，（审察其所先后）一个警察在木板上审查犯人，一个个先后上。

第16个地点盐碗，（度权量能，校其伎巧短长）一个人站在盐碗上，他肚子挨了一拳能量很大，他大笑起（校其）来用技巧掩盖被别人打（伎巧短长）断肠。

creative activities work

project mission

success social vision team

第十章

思维导图笔记

第一节　思维导图和记忆宫殿的关系

我的一个法律系的学生在网上学习了一些绘制思维导图的课程，然后他在背诵信息的时候，使用各种彩色笔绘图耗费时间过人导致他不再愿意使用这种低效率的方法。

我看过很多学霸平时做的一些思维导图，他们也并没有一定使用彩色笔和绘制出惟妙惟肖耗费巨大精力和时间的思维导图笔记。由于这些市面上的宣传导致很多学习思维导图的人进入了误区。

思维导图一般用于整理信息、理清书本的脉络，我把书本的思维导图分为：全书框架图、章节框架图、知识点框架图，它们的作用都一样：整理信息+帮你理清思路。思维导图的整理让我们对书本的大致框架有一个了解，而记忆宫殿是用于对书上各个知识点的具体记忆，我们记忆的是流程：熟读——理解——整理重点——具体记忆——复习，思维导图和记忆宫殿处于记忆不同的阶段，它们之间并没有冲突。思维导图和记忆宫殿结合记忆信息才能发挥最大的作用，如果只是一个整理的话和普通整理重点的笔记是一样的。

一段话，始终是围绕一个核心而展开的，我们只要将这段文字表达的中心思想提取出来就可以绘制思维导图了。

心理学一般把性格定义为：性格是在生活中形成的对现实的稳定态度以及与之相适应的习惯化的行为方式。我们每个人的性格形成都经历了日积月累的过程，没有谁的性格是与生俱来的。良好性格的形成和改变，是一个逐渐的过程，不能操之过急，应从大处着眼、小处着手，从行为中养成习惯，从习惯中巩固出性格。忽视平时良好习惯的养成而想拥有良好的性格，无异于在空中建造楼阁。一个人的成功，离不开良好的性格。罗曼·罗兰说过："没有伟大的品格，就没有伟大的人，甚至没有伟大的艺术家，伟大的行动者。"所以，请铭记这个至理名言：思想决定行为，行为决定习惯，习惯决定性格，性格决定命运。

这段话中心思想是：性格和习惯的关系。

信息的层次：

1. 性格的定义：心理学一般把性格定义为：性格是在生活中形成的对现实的稳定态度以及与之相适应的习惯化的行为方式。

2. 性格的形成：我们每个人的性格形成都经历了日积月累的过程，没有谁的性格是与生俱来的。

3. 良好的性格需要好习惯：良好性格的形成和改变，是一个逐渐的过程，不能操之过急，应从大处着眼、小处着手，从行为中养成习惯，从习惯中巩固出性格。忽视平时良好习惯的养成而想拥有良好的性格，无异于在空中建造楼阁。

4. 成功需要良好性格：一个人的成功，离不开良好的性格。罗曼·罗兰说过："没有伟大的品格，就没有伟大的人，甚至没有伟大的艺术家，伟大的行动者。"所以，请铭记这个至理名言：思想决定行为，行为决定习惯，习惯决定性格，性格决定命运。

通过信息层次的分析，我们可以绘制出简易的框架图。

如果要记忆这段话我们可以使用4个桩子来记忆这些层次：

桩子1：床

记忆：性格是一个人在生活中形成的对现实的稳定态度以及与之相适应的习惯化的行为方式。可以想象一个性格懒惰的人生活过程中在床上睡觉，对现实的稳定态度可以想象这个人的床不稳定快要崩塌了但是他的态度很淡定，相适应的习惯化行为方式可以想象这个人起床后不叠被子是习惯化的行为方式。

这是第一句话的转化图像和定桩。

桩子2：镜子

经历了日积月累的过程可以想象一个人照镜子经历了日积月累的过程头发白了、皮肤也起皱纹了，与生俱来的可以想象脸上有块胎记是与生俱来的。

篇幅原因我不示范第3、4层次和记忆宫殿结合的记忆示范。

通过这个范例我们可以清楚地认知到：我们用思维导图分析信息，然后用记忆宫殿记忆思维导图。

第二节　思维导图详解

思维导图是一个发散思维和整理知识重点的工具，说到记忆文字，我们必须去创造图像和联系，几乎每一次记忆新信息都是借助过去人生经验进行整合创造的一个过程。

思维导图是表达式学习的一种，当你的大脑在输出的时候，记忆保持率会高于输入，而绘制思维导图是建立在思考的基础之上的。

思维导图始于达·芬奇的手稿，达·芬奇利用思维导图创造发明了很多新事物，当我们以一个中心点发散思维就可以调动你的大脑去整合过去的人生经验来进行思考，当看一篇文章的时候，我们去寻找信息的中心点和信息的总分层次的时候，你的大脑也必须去思考才能寻找到它们的关系。

思维导图并没有过于神奇的记忆功能，我们在绘制思维导图之后也仍要使用记忆术去记忆这张思维导图，否则它只是一个普通的笔记，但是市面上很多记忆类的书籍在这一点上都说得很含糊，导致一些学生盲目追求花哨费事的导图的绘制而忘记了使用技巧记忆导图的过程。

如何绘制思维导图：

1. 绘制思维导图首先要确定一个绘制信息的主题。

2. 绘制技巧：横放纸张，线条上安置关键词，通过想象力把整理出来的关键词或者发散思维的关键词写上去。

3. 绘制的要点：从中心开始绘制，中心词是核心，通过它不断发展分支，一级分支、二级分支、三级分支逐层画下去，多用颜色加强一下印象，关键词后绘制简易图。

4. 写好各个级别的关键词之后，给关键词加入插图辅助记忆，使用记忆术来记住这张思维导图，也可以将思维导图定桩到记忆宫殿里，这样思维导图的绘制和记忆过程就结束了，长期绘制思维导图可以让我们的逻辑思维更好。完美地结合思维导图和记忆术可以让你学习事半功倍。

思维导图是思考的艺术，可以改变我们空想的习惯，让你的大脑有依有据地持续进行发散思维，帮助你的学习和生活更加顺利。

思维导图上的关键词信息可以让我们复习信息时节省时间，思维导图的树形结构可以让我们更好地把握信息的整体。

第三节　用思维导图分析文章

生于忧患，死于安乐。——《孟子·告子下》

舜发于畎亩之中，傅说举于版筑之间，胶鬲举于鱼盐之中，管夷吾举于士，孙叔敖举于海，百里奚举于市。

故天将降大任于斯人也，必先苦其心志，劳其筋骨，饿其体肤，空乏其身，行拂乱其所为，所以动心忍性，曾益其所不能。

人恒过，然后能改；困于心，衡于虑，而后作；征于色，发于声，而后喻。入则无法家拂士，出则无敌国外患者，国恒亡。然后知生于忧患而死于安乐也。

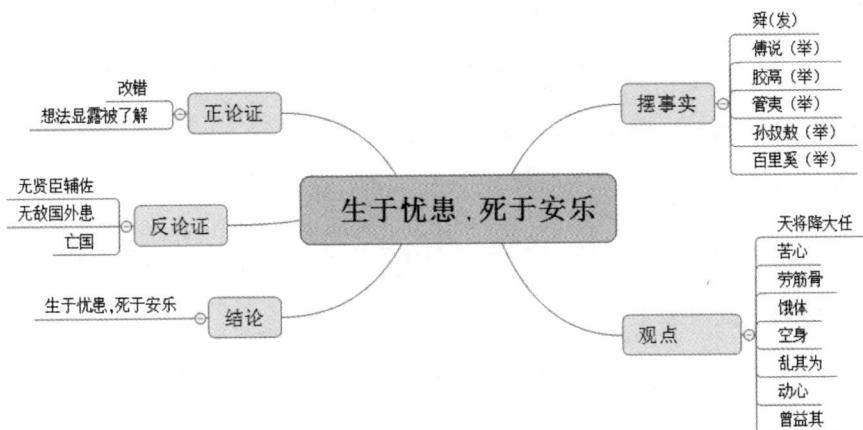

这篇古文，经过思维导图逻辑分析它的结构（摆事实——观点——正反论证——结论）后脉络便清晰了许多，背诵起来也更轻松。

林肯的葛底斯堡演讲示例

87年前，我们的先辈们在这个大陆上创立了一个新国家，它孕育于自由之中，奉行一切人生来平等的原则。现在我们正从事一场伟大的内战，以考验这个国家，或者任何一个孕育于自由和奉行上述原则的国家是否能够长久地存在下去。我们在这场战争中的一个伟大战场上集会。烈士们为使这个国家能够生存下去而献出了自己的生命，我们来到这里，是要把这个战场的一部分奉献给他们作为最后安息之所。我们这样做是完全应该而且是非常恰当的。

分析演讲稿的层次：

87年前，我们的先辈们在这个大陆上创立了一个新国家，它孕育于自由之中，奉行一切人生来平等的原则。

层次1——建国：1.自由；2.平等（国家属性）。

以考验这个国家，或者任何一个孕育于自由和奉行上述原则的国家是否能够长久存在下去。

层次2——内战：1.考验；2.长存（内战的后果）。

我们在这场战争中的一个伟大战场上集会。烈士们为使这个国家能够生存下去而献出了自己的生命，我们来到这里，是要把这个战场的一部分奉献给他们作为最后安息之所。我们这样做是完全应该而且是非常恰当的。

层次3——集会：1.纪念；2.安葬；3.合理。

思维导图：

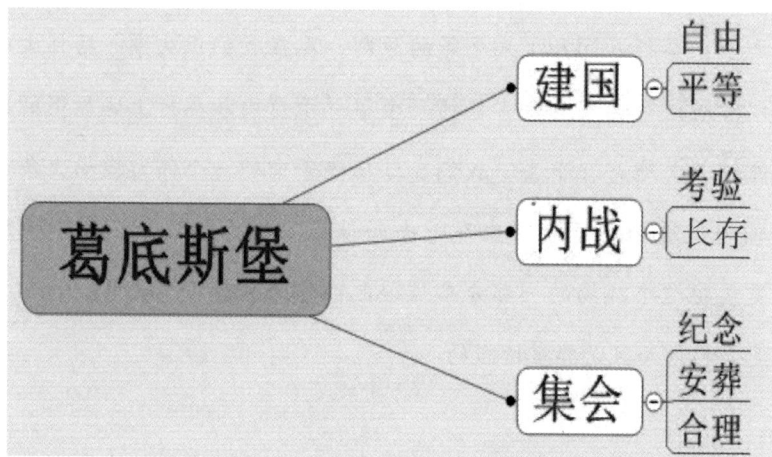

绘制思维导图的原则：通过自己的理解分析去绘制思维导图，你绘制的思维导图并不一定是完美的，但是必须是适合你记忆信息的。

羊皮卷思维导图分析范例

今天，我开始新的生活。

今天，我爬出满是失败创伤的老茧。

今天，我重新来到这个世上，我出生在葡萄园中，园内的葡萄任人享用。

今天，我要从最高最密的藤上摘下智慧的果实，这葡萄藤是好几代前的智者种下的。

今天，我要品尝葡萄的美味，还要吞下每一位成功的种子，让新生命在我心里萌芽。

我选择的道路充满机遇，也有辛酸与绝望。失败的同伴数不胜数，叠在一起，比金字塔还高。

然而，我不会像他们一样失败，因为我手中持有航海图，可以领我越过汹涌的大海，抵达梦中的彼岸。

绘制思维导图：

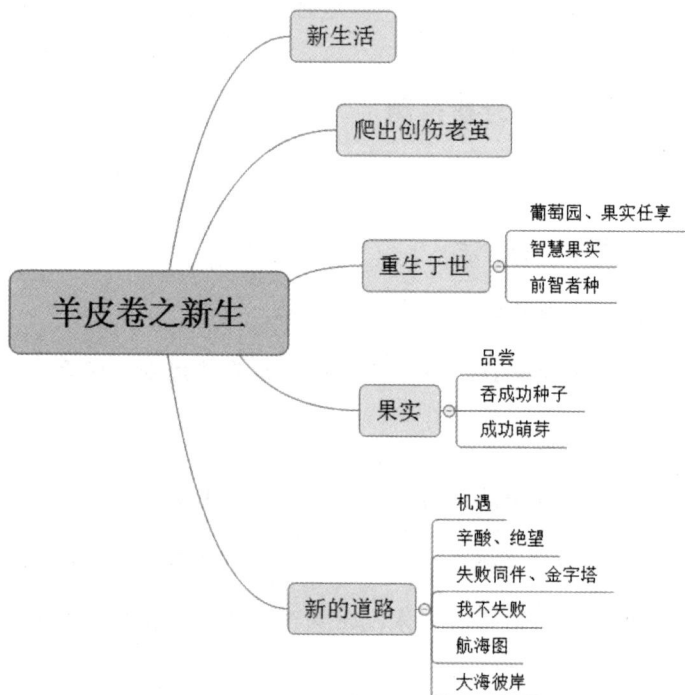

细心的读者应该可以发现，我绘制的这些分支其实是存在自然联系的，人要想重新开始生活，就必须要爬出失败创伤的老茧，不再沉溺于过去，以新的信念重生于世，我们就必须吃下智慧的果实改变自己的思想，这样才能获得新生，吃饱果实后我们就要走上新的道路。

记忆范例

简述量变和质变的辩证关系？

答：一是量变是质变的前提和必要准备。一切事物的变化发展，都是从量变开始的，没有量变做准备，就不会发生质变。

二是质变是量变的必然结果。事物的量变达到一定程度时，又必然引起质变，事物的发展就是通过质变实现的。

三是质变巩固量变的成果，并为新的量变开辟道路，由量变到质变又由质变到新的量变，如此循环往复以至无穷，构成了事物由低级向高级的发展过程。

信息分析：信息提问——量变质变辩证关系，这个是中心点，3个信息分支：1.准备；2.结果；3.开辟新道路。

绘制导图并且插图：

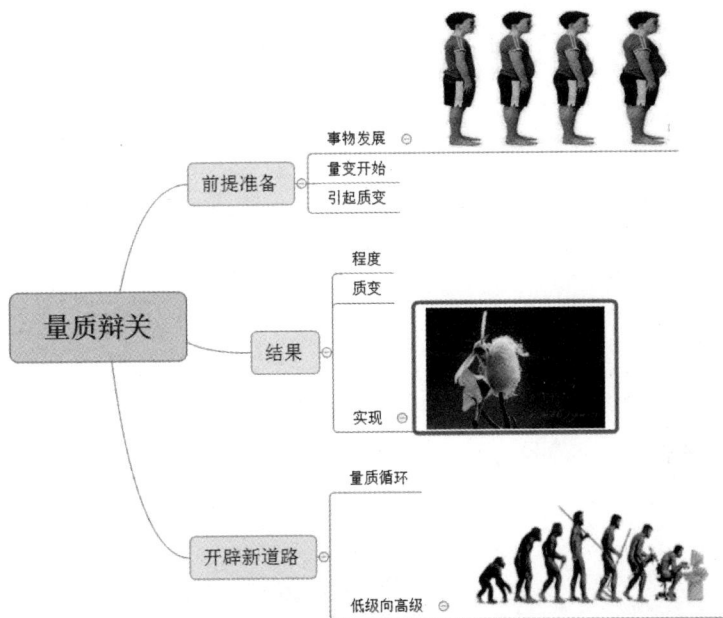

这个范例我示范如何记忆思维导图，思维导图旁边的插图就是记忆文字的随机记忆桩子。

使用XMind软件绘制好思维导图后，进行联结记忆：

第一个插图是一个人变胖的插图，变胖的前提准备是食物，每天吃很多食物是事物发展，肚子变大是量变开始，人胖到引起质变肚子大到裤腰带都快挤断了。

第二个插图是破茧成蝶，破茧成蝶是蚕蛹最终的结果，要到蚕蛹破掉这个程度，毛毛虫破茧成蝶是质变，蝴蝶实现飞翔。

第三个插图是人类变化的图，想象他们正在一条道路上，量质循环可以想象人类不断循环繁殖，发生了外形的质变，人类从低级动物变成了高级的智慧生命。

creative activities work

project mission   success social vision team

第十一章

记忆综合大练兵

这一章主要示范一些综合各种材料的记忆训练范例，看完这些范例后尝试自己去做记忆联系，训练自己的综合信息记忆能力。（示范记忆的材料信息均由平时教学过程中的学员提供）

记忆填空题

1. 老舍原名_____，字舍予，代表作有长篇小说《四世同堂》、_____。

答案：舒庆春《骆驼祥子》。

信息：老舍 舒庆春　四世同堂　骆驼祥子

记忆联系：从老宿舍（老舍）出来我看到一个淑女很清纯（舒庆春=淑女很清纯），她在石狮子上躺下来（四世同堂，四世=石狮子，堂=躺），牵着一头骆驼，骆驼背着箱子（骆驼祥子，祥子=箱子）。

2.《好雪片片》是一篇_____（体裁），作者是台湾作家_____。

答案：散文　林清玄

信息：好雪片片　散文　林清玄

记忆联系：好多雪一片片（好雪片片）落下来，出来散（散文）步的林青霞在雪地里旋转（林清玄=林青霞旋）跳舞。

药物记忆范例

含马钱子类：九分散、三药丸、舒筋丸、疏风定痛丸、伤科七味片。

联系：马身上背着很多钱（马钱子），钱就要从马背上分散下来了（九分散=就分散），把散落的钱买药丸吃（三药丸），吃了药做瑜伽舒筋活血（舒筋丸），这时候做瑜伽的我被风扇砸中一定很痛（疏风定痛丸），受伤可以抹药，药有气味（伤科七味=伤可气味）。

文科知识应用记忆范例

朱元璋 建立明朝 1368年

记忆联系：猪院长（朱元璋）拿着冥钞（明朝）递给医生（13=医生），医生用喇叭（68=喇叭）大吼大叫着骂人！

戊戌变法 1896年

记忆联系：无须（戊戌）的男人的路边发（变法）现一个腰包（18=腰包）掉在酒楼（96=酒楼）下面。

商鞅变法 公元前359年

记忆联系：我骑上羊（商鞅）上午出去叫（359=上午叫）喊！

长江6300千米

记忆联系：长江（长江）七号走在路上（63=路上）戴着眼镜（00=眼镜）。

黑龙江4350千米

记忆联系：黑龙飞入石山（43=石山）的雾里（50=雾里）。

多瑙河2850米

记忆联系：很多老（多瑙）人在河边爱把屋里（2850=爱把屋里）的衣服拿出来洗。

以热爱祖国为荣，以危害祖国为耻

以服务人民为荣，以背离人民为耻

以崇尚科学为荣，以愚昧无知为耻

以辛勤劳动为荣，以好逸恶劳为耻

以团结互助为荣，以损人利己为耻

以诚实守信为荣，以见利忘义为耻

以遵纪守法为荣，以违法乱纪为耻

以艰苦奋斗为荣，以骄奢淫逸为耻

逻辑分析：因为左边和右边是逻辑相反的，我们只需要记忆左边的信息就可以了。

记忆联系：热爱祖国（热爱祖国）的鲁迅正在给顾客做按摩服务（服务人民）并收取人民币，崇尚科学（崇尚科学）的顾客爱因斯坦按完摩就走了，鲁迅因为辛勤劳动（辛勤劳动）浑身大汗，下班后团结同事一起去吃饭，鲁迅互助（团结互助）工友，借钱给他吃饭，借钱后工友过会儿来还钱是诚实守信（诚实守信），鲁迅收到钱后坐车回家，的士司机不遵纪守法（遵纪守法）酒驾，被夜晚仍然艰苦奋斗加班（艰苦奋斗）的交警给抓住了。

建造师考试内容记忆范例

给水处理构筑物包括配水井、药剂间、混凝沉淀地、澄清池、过滤、反应、吸滤、清水、二级泵站等。

重点信息整理：水井、药剂、混凝沉淀、澄清、过滤、反应、吸滤、清水、二级泵。

记忆联系：水井倒入药剂（水井、药剂），水井旁边有一对夫妻在举办婚礼，成年（混凝沉淀；混凝=婚礼，沉淀=成年）人成亲（澄清）。男子抽根烟，烟屁股上有过滤嘴（过滤），他抽烟的不良反应（反应）是咳嗽，吸烟缓解焦虑（吸滤），喝一杯清水（清水）润润喉咙，然后他用耳机听着歌蹦跶（二级泵，二级=耳机，泵=蹦）起来。

高考材料分析题答案快速记忆范例

材料一

清朝康、雍、乾长达一个多世纪中，社会总体稳定，清政府取消了人头税，根据耕地面积确定税额，减轻了下层百姓负担。农业上普遍采用了轮作、复种、多熟等农作制。玉米、甘薯等耐寒、耐旱、高产作物不断推广，人们将林木覆盖的山地和草原广为开垦，人口从清初的1.8亿增加到鸦片战争前夕的4亿之众，引起了一系列变化；一些地区"游手好闲者更数十倍于前""田地责少，寸土为金"，水土流失和草原沙化现象凸显，农业人均收入递减，各地民变此起彼伏。

材料二

为解决人口压力，康有为认为：西北诸省土旷人稀，东三省、蒙古、新疆疏旷益甚，人迹既少……早谋移迁徙。严复则认为兴办现代实业较垦荒辟田有效得多。到民国时期，有人认为，人口增加是无休止的，食疗的增加是越来越困难的，即使我们能开垦荒地改良实业、增加生长，总是赶不上人口增加的快；至于工业化一途，因需要大量投资，短期内难以搞成，因此很多人认为，解决人口问题的治本方法是迟婚与节育。

（1）根据材料一并结合所学知识，说明清中期人口膨胀的原因及其影响。（12分）

（2）根据材料二并结合所学知识，概括近代学者缓解人口压力等主张。（13分）

答案：

（1）原因：统一与稳定；耕地面积增加；精耕细作；高产作物的推广；税收制度的变革。

影响：人地关系紧张；土地过度开发，环境破坏；贫困化，社会矛盾加剧。

（2）主张：向人口密度低的地区移民；发展实业吸收劳动力；增加耕地，改良农业生产；节制生育。

分析：我们可以通过材料逻辑分析寻找到答案，也可以将答案背下来，以后就可以应对同类型的题目。

记忆过程：

（1）原因：统一与稳定；耕地面积增加；精耕细作；高产作物的推广；税收制度的变革。

记忆联系：一个拿着统一方便面吃的人手不稳定（统一与稳定），泡面摔在耕地里面，他在挖新耕地（耕地面积增加），所以耕地面积增加了，然后精耕细作撒种子浇水（精耕细作），耕完地他背着一袋米沿街叫卖是高产作物的推广（高产作物的推广），随手拍了一下自己的肚子（税收制度=随手肚子）告诉朋友们自己减肥（变革=减肥肚子变小）成功。

影响：人地关系紧张；土地过度开发，环境破坏；贫困化，社会矛盾加剧。

记忆联系：一个人家里有很多人住很拥挤是人地关系紧张（人地关系紧张），土地过度开发，家里面的厕所里都住了人（土地过度开发），厕所里面的马桶烂了是环境破坏（环境破坏），上厕所的人买不起厕纸用硬纸皮擦屁股是贫困化（贫困化），为了争夺上厕所权利打了起来是家里社会矛盾加剧（社会矛盾加剧）。

（2）主张：向人口密度低的地区移民；发展实业吸收劳动力；增加耕地，改良农业生产；节制生育。

记忆联系：一个人来蒙古大草原居住，来这里住是向人口密度低的地区（向人口密度低的地区移民）移民，草原上空荡荡的；这个人发展实业开牛奶加工场（发展实业吸收劳动力），通过招工吸收当地的工人劳动力来帮他打工；增加耕地可以想象在草原上开荒一亩田（增加耕地），改良农业生产（改良农业生产）可以想象用挤牛奶的机器自动挤奶；给公牛做结扎是节制生育（节制生育）。

总结：通过在脑海里构建内视觉图像来记住答案。

外国人名快速记忆范例

安杰·丽卡 格利特 根特 卡特琳 安可

记忆：俺姐手里拿着卡（安杰·丽卡），递给一个力气特（格利特）别大的大力士，大力士穿的高跟鞋特（根特）别高，卡特多钱在里（卡特琳）面，按理说取出来的钱可（安可）以用来买吃的。

鲁尔夫 希尔卡 托马斯 左克 文森

记忆联系：路过的男儿扶（鲁尔夫）着吸烟的男儿到一个关卡（希尔卡），一个托马斯（托马斯）前旋两个人一起跳过去了，一起去做嫖客（左克），两人身上还有文身（文森）。

总结：编造的故事逻辑性越强，回忆信息时的保持率越高，故事对当事人的情绪刺激越大，记忆越深刻。

物理公式快速记忆范例

热力学温度：$T = t + 273K$

信息编码：T=塔 t=雨伞（t象形雨伞的下方）+=十字架 273=儿子爱骑上去=旋转木马 K=卡片

记忆联系：塔上打着雨伞的人脖子上戴着十字架骑在木马上看卡片，当然你也可以根据逻辑分析知道大T和小t之间相差273K，然后通过差量273K这个关键信息来记忆这个公式。

现代文记忆范例

我们正处于人生的花季，在全民学习、终身学习的学习型社会，我们要树立远大志向，珍惜在学校学习机会，自觉履行义务教育，勤奋学习，使生命绽放光彩，为祖国繁荣富强建功立业。

图像转化记忆：

我们正处于人生的花季=一个高中生少女手里拿着一朵花。

在全民学习、终身学习的学习型社会=很多人老老少少都在学校操场上看书学习；很多人=全民，终生学习=老人在学习，老老少少一起在操场上构成了学习型的小社会。

我们要树立远大志向=我们在树旁立一个箱子（箱子=志向）。

珍惜在学校学习机会=放学后一个学生还在教室里看书；他珍惜在学校的学习机会。

自觉履行义务教育=老师主动去上课；老师主动去给学生上课是自觉履行义务教育。

勤奋学习=放学后，学生一边走路一边看书是勤奋学习的表现。

使生命绽放光彩=学生身上有很多灯泡闪闪发光。

为祖国繁荣富强建功立业=繁富建功=反复射弓箭出去。

总结：将句子转换成图像画面来快速记忆它们。

新华词典记忆范例

新华词典169页：利令智昏 利欲熏心 连篇累牍 联翩而至 恋恋不舍 良师益友 良药苦口 良莠不齐

记忆联系：我在非洲大草原上看见一个犀牛的角（一个牛角=169页），利令智昏（利令智昏）的我想切下牛角卖钱，上去杀牛受了重伤，牛死后我利欲熏心（利欲熏心）想拿牛角去卖钱，把牛角连续切成一片片累得肚（连篇累牍）子都饿了，连续一片片的犀牛角切片递给儿子（联翩而至）保管，我和儿子一起恋恋不舍（恋恋不舍）地离开了非洲。在飞机上给儿子当一个良师益友（良师益友）陪他一起读书，儿子读书不用功挨我骂是良药苦口（良药苦口），飞机上的人素质良莠不齐（良莠不齐），有些人乱扔垃圾，有些人给别人让路。

教育心理学记忆范例

倡导任务型教学途径，培养学生综合语言运用能力：

1. 任务应该有明确的目标和可操作性。2. 任务具有真实意义。3. 任务存在信息差。4. 任务活动要有层次、有梯度，难易得当。5. 学生应在完成任务的过程中使用英语。6. 完成任务时应该能展示出结果。

1. 任务应该有明确的目标和可操作性。

记忆联系：人物有明确的目标看到自行车骑上去，自行车有可操作性（人物=任务，明确的目标=自行车）。

2. 任务具有真实意义。

记忆联系：自行车上的人物是真实存在的，穿着一件衣服（一衣服=意义）。

3. 任务存在信息差。

记忆联系：在自行车上发短信，短信信息发送到朋友那里有时间差。

4. 任务活动要有层次、有梯度，难易得当。

记忆联系：人物的衣服具有层次，内衣外衣等，有梯度可以想象，自行车骑上一个有梯度的坡，难易得当可以想象这个坡不是非常陡峭难易得当，刚好能骑上去。

5.学生应在完成任务的过程中使用英语。

记忆联系：想象从自行车上下来的学生被安排跟一个老外对话，学生上去完成和老外对话这个任务的过程中必须使用英语。

6.完成任务时应该能展示出结果。

记忆联系：学生完成和老外对话的任务后展示出一个结果——他要到了外国美女的电话号码。

古诗记忆范例

丽人行

唐·杜甫

三月三日天气新，长安水边多丽人。

态浓意远淑且真，肌理细腻骨肉匀。

绣罗衣裳照暮春，蹙金孔雀银麒麟。

图像转换记忆：

三月三日天气新——山岳上有日（三月三日）光，天气好，空气新（天气新）鲜。

长安水边多丽人——山下很长的岸边，水边很多（长安水边多）美丽的女人（丽人）。

态浓意远淑且真——化着太浓（态浓）的妆的一个圆（意远）脸淑

女正在这里切（淑且真=淑正切）菜。

肌理细腻骨肉匀——她切的猪肉肌肤细腻（肌理细腻），骨肉均匀（骨肉匀）。

绣罗衣裳照暮春——旁边修补箩筐的人穿着衣裳（绣罗衣裳）招募村（照暮春=招募村）姑给他打工。

蹙金孔雀银麒麟——箩筐里飞出金（蹙金孔雀）色的孔雀，骑着银色的麒麟（银麒麟）飞上天了。

名人名言记忆范例

悲观者从每个机会中看到困难，而乐观者从每个困难中看到机会。

——丘吉尔

记忆：悲观者看到树上有果子，但是觉得爬上去会有危险是困难，乐观者觉得爬上去虽然很难，但是通过梯子找到了上去的机会。

我可以接受失败，每个人都会失败，但我无法接受不去尝试。

——迈克尔·乔丹

记忆：爬墙壁摔下来的人接受了自己的失败，许多人一起爬也摔下来失败了，每个人都会失败是因为墙壁高，大家无法接受不去尝试爬墙的那个人，一起揍了他一顿。

如果说我能看得更远，是因为我站在巨人的肩膀上。

——牛顿

记忆：一个人在巨人的肩膀上用望远镜看远方。

判断一个人，是要看他的问题，而不是他的答案。

——伏尔泰

记忆：警察判断一个嫌疑犯是否有罪，通过提问问题，看他回答问题时哪里有问题，他的答案有可能是编造的不可信，所以警察不看他的答案。

医学材料记忆范例

淋巴细胞增多见于哪些疾病？

1. 感染性疾病（病毒）；

2. 肿瘤性疾病（急慢淋、淋巴瘤）；

3. 移植排斥反应；

4. 自身免疫性疾病。

记忆：

脖子淋巴上细胞增多（淋巴细胞增多）导致脖子越来越粗的人感染了感冒病毒（感染性疾病）在打喷嚏，背上有个巨大的肿瘤（肿瘤性疾病），坐在椅子上排斥（移植排斥反应，移植=椅子）吃东西，他自己身上穿着棉衣（自身免疫性疾病，免疫=棉衣）。

中性粒细胞病理性减少的原因有哪些？

1. 感染性疾病（病毒，G-杆菌）；

2. 血液系统疾病（再障）；

3. 物理、化学因素（抗肿瘤、抗糖尿病及抗甲状腺药物等）；

4. 脾功能亢进；

5. 自身免疫性疾病（SLE）。

记忆：在路中行（中性）走的人手里拿着喜报（细胞），打喷嚏感染（感染性疾病）了感冒，这个人是韩剧《蓝色生死恋》中的恩熙（恩熙患有血液系统疾病白血病=血液系统疾病），她五根手指里（物理=五根手指里）拿着化学（化学）药水在喝，放屁功能（脾功能）亢进连续放屁，她自身穿棉衣（自身免疫）。

creative activities work

project mission   success social vision team

第十二章

关于记忆术的杂谈

第一节　笔记的重要性

有些人说学记忆宫殿的人不该做笔记，我认为这是不对的。

传闻钱钟书先生记忆力超强，过目不忘，他本人却不那么认为，钱钟书上课不做笔记，但是大概都能记住，所以别人以为他过目不忘，其实是他好读书，不仅读，还擅长做笔记。后来人们发现钱钟书的读书笔记是用箱子装的才真相大白。

无论是上课、考试，还是准备做演讲、复习知识点等，笔记都是至关重要的。笔记可以提升一个人的注意力，懂得做笔记的方法可以拥有更高的学习效率。笔记可以过滤掉次要信息，留下重点信息，这样就减少了记忆的量，帮助大脑聚焦重点知识，所以做笔记最开始是摘录重点。

过目不忘真正的方法是什么？有笔记可以反复参考和复习。其次做笔记是一个表达的过程，表达可以强化记忆，如果只是不动脑子，照抄书本的内容，当然效率会比较低。

我将笔记分为几种：输入笔记、输出笔记、复习笔记。输入笔记是纯抄信息的一个过程，小和尚念经有口无心，效率较低。输出笔记就是看信息的同时用自己的表述方式输出的信息，是经过大脑思考和筛选过的笔记。复习笔记是我们用来复习知识点的笔记，通常以摘录知识重点，或者绘制知识思维导图框架图为主。

第二节　关于记忆术的局限性和伪局限性

记忆术确实可以大幅度地提高一个人的记忆力，但是它受到很多因素的限制。

常见的局限性如下：

1. 学习记忆术、训练记忆术、适应记忆术的时间周期限制。

2. 盲目将记忆术强加于人也并不可取，只有一部分非常想改变自己记忆力的人，才适合学习记忆术，还存在学习的受众是否接受学习的意愿问题。

3. 转码速度的局限性问题，初学者不能达到飞快速度的转码、联结、定桩，而这个过渡期会让很多新手放弃，但是如果坚持下去，又可以先苦后甜得到一个很丰厚的回报，但是往往大多数人的意志力撑不过去。

4. 想象天赋的限制，不同的人想象力天赋是不一样的，而想象力天赋差的人也容易放弃。

5. 身体疾病的限制，当我们身体不适的时候，使用记忆术的效果也会打一定的折扣，所以很多学习记忆术的人都会有锻炼身体的习惯，好的身体能抑制这种限制。

上面我谈论的是一切真实的记忆术学习的限制，而下面这些是伪局限。

1. 记忆术死记硬背，会歪曲一个人的理解。

实际上理解和记忆并不冲突，关键看当事人是否有理解的意愿。

2. 记忆的内容会马上忘记。

实际上错误的使用技巧才会马上忘记，比如记忆一个单词不断地去重复念联想的句子而不去想象联想的情景画面。

3. 记忆宫殿的制造增加了记忆的负重。

记忆宫殿是减少一次性串联的记忆负重，并且调用了长期记忆将短期记忆融入其中从而达到高效记忆的方法。

4. 记忆术只有意志达人才学得会。

记忆术并不需要很强的意志力，利用零散时间训练就可以了，关键取决于当事人的改变意愿。

5. 记忆术非常难，需要很高的天赋，普通人学不会。

实际上记忆宫殿并不需要很高的天赋，只要没有先天缺陷的人都可以练习。

第三节　意群记忆和分散学习

心理学家研究发现，人的短时记忆是以意群为单位进行的。构成每一个意群的信息量是相对的。通常意群内部的信息是相互关联的，而不是孤立存在的。当我们和人聊天的时候，一个人谈论的事物如果跳跃性很大，我们就会认为对方有点不对劲，通常正常人谈话会围绕一个话题有逻辑性地展开，不会无厘头地不断跳跃，而是有联系的意群的组合。

短时记忆能保持的意群数量满足魔数之七原理：7 ± 2。

发现意群是可以帮我们增加记忆容量的一个方法。只要你用心去发现，生活中的事物很多都可以用意群分块来记忆。比如：644936576187这组数字分成3个块记忆会很高效：644 936 576 187，644=刘诗诗，936=就要上路，576=吴奇隆，187=要发气，联结：刘诗诗就上路了，吴奇隆跟不上，她要发气！这是一个将抽象信息划分意群块，然后发现意群块之间的逻辑关联去记忆信息。

知道意群记忆法高效后，我们就应学会先去发现材料的意群板块，然后再进行记忆，那么就事半功倍了。

其次是分散学习，分散学习可以避免长时间学习造成的注意力下降，并且避免前后学习的知识材料相互干扰。根据我的经验，一个普通人的注意力高度集中往往只有25分钟，所以在做记忆教学的时候25分钟内我会想办法逗学生开心一下，免得学生睡着。

分散要保持一定的限度，合理地给自己安排休息时间，且不能分得太散，也不要在单一时间内学习时间太长。整体和分散是相对的，可以随机应变。

第四节　脑波对记忆的影响

人的大脑中有脑波，不同的脑波状态下，人能发挥出的能力是不同的。

大脑常常出现的波有四类：

α脑波：让人处于意识最清醒、身体放松、大脑活跃、思维敏捷的状态。连接人的意识和潜意识的通道，是人唯一进入潜意识的途径，能促进一个人创造灵感的产生，加速信息收集，加强记忆力，是促进学习的最佳脑波。在入睡前，人们通常会听一些α波来促进睡眠，竞技记忆选手也会选择听α波音乐帮助自己提升竞技状态。

小朋友的记忆力之所以比大人好，是因为他们的大脑整天都处于α波状态，在这种波状态下的头脑创造力和想象力都更强，所以我们可以发现小朋友经常和玩具对话，而成年人只有进入深度睡眠还有做梦时才处于这个脑波状态。

β脑波：人的身体紧张时候出现的脑波，消耗能量很大，人容易感到疲倦。适当的β脑波可以加强注意力、为外界意外事物做好防备。

θ脑波：身体放松，处于似睡非睡的状态，容易受外界信息的暗示，有助于我们长期记忆的一种波。

δ 脑波：人处于深度睡眠状态，影响人的睡眠质量，不做梦而且睡得很深的一种波。

犹太人《塔木德》中的记忆理论

犹太人非常重视记忆，他们在孩子幼年时就让他们记忆经典书籍训练他们的记忆力。记忆是非常重要的，没有记忆，人们的思考就失去了前提，可以说记忆是人智力活动的仓库。

人的记忆分为有意记忆和无意记忆。孩子越小，无意记忆就越占优势。当孩子年龄小的时候，常常忘记父母的吩咐，父母会说孩子没记性，那只是因为他们不感兴趣而已。随着孩子年龄增大，有意记忆逐渐发展起来了，占据主导地位。年纪大一些的孩子经常会自言自语重复家长和老师的话，对于一些不太懂的事情也会再度复习。

有意记忆分为机械记忆和意义记忆两种。孩子由于知识经验少，缺乏对事物内在联系的认识，年龄越小，就越多地抓住事物的外部联系去机械记忆，而小学阶段的孩子在记忆文章的时候，就不会再逐字逐句地去背诵了，已经能在理解的基础上进行意义记忆。对于孩子而言，意义记忆的效果会更好。可是我们都知道世界上存在很多毫无意义的信息要背诵，或者意义是一时间无法理解的信息，或者理解了意义还是无法背出的情况，如果要达到快速记忆的目的，就必须使用更高效的形式，即图像记忆，而比图像更高级的形式是逻辑和图像混合的记忆形式，在这个一系列的递进过程中，记忆宫殿记忆法就发展起来了。

记忆的孪生兄弟是"遗忘"，很多学习记忆宫殿的人都渴望过目不忘，这当然是无法实现的，真正过目不忘的人是存在的，但是多为自闭症患者和亿分之一的超忆症患者，普通人学习记忆宫殿能做到学得快、记得牢、速度先慢后快，但是要想过目不忘是很难实现的，顶多是通过科学的方法优化大脑记住大量信息。科学家通过实验发现了人类的遗忘曲线，所以任何信息都需要大量复习来帮助你终生记忆它。遗忘并不可怕，关键在于怎么样去认识遗忘。

犹太人在教育孩子掌握知识的时候，会告诉他们必须将记忆和思考结合起来，提高效率，取得更好的学习效果。

第五节　学记忆宫殿会走火入魔吗

在我进行教学记忆的时候，有个学生提出了几个让我费解的问题，比如：学习记忆宫殿会不会走火入魔？记忆东西多了脑袋会不会不堪重负而傻掉?

首先我们来分析记忆宫殿的原理，记忆宫殿是使用内视觉想象虚拟画面来记忆信息，想象虚拟画面本质是一种潜催眠，这种虚假画面的想象把图像引入脑海，而每一个图像都有相应的文字转码，这样我们就可以通过图像达到高效记忆，同时记忆宫殿属于我们事先记忆好的长期记忆桩子，那么载入记忆宫殿中的画面就从临时记忆被调入了长期记忆，

记忆宫殿：
一本书快速提升记忆力

这也是快速记忆的一个成因。记忆宫殿是索引，帮助人们找回过去的记忆，是用来辅助记忆的一个系统。

在《读心神探》电视剧中，有一个案例是通过记忆宫殿来杀人。这个是艺术化的剧情，被杀害的那个人在建立虚拟宫殿，按照记忆宫殿的原理，建立虚拟宫殿的人必须是神志清醒的，问题是那个受害者却好像是被其他人催眠控制了一般自杀了，这不符合逻辑。其次建立记忆宫殿应该找一个场所比较空旷的地方，而不是狭窄的天台，所以这是电视剧的第二个漏洞。

记忆宫殿是用内视觉记忆的，精神病人很多都是内视觉和外视觉已经分不清的人，所以我们常常能看见精神病人在自言自语，他们可能用内视觉幻想出了一个真实存在的人在和他对话，但是我们却看不见那个人，这说明他的内视觉和外视觉已经分辨不清了。内视觉是人类的一种强大功能，如果内视觉不存在，人类的超强记忆力也就无法进行了。

正常人训练后会变成精神病吗？目前为止，正常人训练记忆宫殿出现了很多脑力达人，但是还没有出现精神病人的案例，精神病导致的因素主要有两个：遗传基因中有致病基因，精神受过重大的创伤，显然不会因为训练记忆术而出现。

记忆太多东西会不会傻掉，在我很多年的经验中发现事实正好相反，一个人记忆的东西越多，就会形成一个记忆网络，不但不会傻掉，大脑还会不断升级，最强大脑节目中的很多选手不过都是普通人，因为训练导致大脑升级越来越聪明。

第六节　联想会破坏我们的思维吗

在学习记忆宫殿的时候，很多学员会问谐音会不会破坏文章的逻辑，会不会扰乱人的思维，我的回答是：多虑了。记忆有两种主要的手段，一种是利用理解的画面转化来记忆，另一种是跳过理解快速使用图像编码记忆信息。

联想是一个工具，打一个比方，联想好比是一个锤子，锤子需要做的事情是快速有力地把钉子钉入木板，理解好比是制作一个钉子的流程，而锤子要做的是钉入钉子而不是制作钉子。

一个记忆高手不可能快速理解世上的任何信息，但为了达到帮助学员极限速度记忆信息，谐音图像编码是一定会用的，但它真的会干扰人的思维吗？

在背《鬼谷子》的时候，我在不理解含义使用谐音强行记忆，背诵半个月后，我试着在脑海里理解它们。当我反复在心中默背的时候，那些含义很多都被我猜出来了，大多数的原文翻译和我的理解相差并不多。

左右脑是可以协同工作的，如果说死记硬背偏向于左脑，那么右脑的图像画面就为我们提供了一条强烈的回忆的线索，有序的图像让记忆变得有章可循。尼古拉·特斯拉（内外视觉混淆的正常人+天才的科学怪人）的科学发明都是在脑海中以心像形式呈现的，爱因斯坦认为自己以光的速度去追逐光而发现了相对论，他们都使用了心像去创造新事物却没有干扰到自己的思维，反而通过想象力创造了我们的新世界。

为什么会有人说联想会破坏思维呢？是来自人和社会的原因。我们的社会需要全才，但是要想成为全才太累太耗时了，所以难以避免很多人记住了信息后就不想花太多时间去理解信息。其次，一个人思辨能力其实比记忆能力更重要，因为人有惰性，如果只是联想记忆拿到高分不需要思辨这个短期内没有收益的结果时，人们就不愿意去思辨了，而失去了思辨能力就是他受到的真正破坏，所以我们必须有正确的认知，明白联想记忆只是一个工具，记住信息后，要保留好自己的思辨能力。

第七节　阅读中的记忆

阅读可以是一种消遣和放松的方式，但是对于那些渴望知识的人而言，如果发现自己阅读完一本书，却什么也没有记住，这是非常尴尬而且令人沮丧的，而这样的人不在少数。那么如何在阅读中保持更高的记忆率呢？

最好的办法是先深刻理解文章的内容，在理解的基础上记忆，并且最好能够举一反三想到一些现实中类似的事物事例来帮助自己发散思维并且记住文章更多的核心信息，因为调动了符合人脑记忆原理的视觉记忆和联想能力。不可否认，由于阅读材料的不同，我们所使用的阅读方式肯定也是不同的。

做笔记

很多学生认为自己的记忆力不错，拒绝做笔记，结果聪明反被聪明误。俗话说，好记性不如烂笔头，这句话肯定是有道理的，因为它要调动你的更多感官，做笔记能提高注意力，不容易走神。但是做笔记一定要思考而不是盲目地抄，否则是劳而无益的。做笔记的时候，应该积极思考，多表达自己的想法和见解。你表达的见解越多，你的大脑吸收率就越高，因为笔记本就像是你的学生一样，你的大脑在输出知识的时候，你的学习效率才高。所以我的核心建议是：写下你对所有事物的理解和想象。

找出关键词

我们看到一篇很长的文章，作者要表达的核心信息往往不会很多，找到核心关键词就大大降低了记忆的难度，可以使用下划线、圆圈、打勾等助记符号。一目了然地找到了信息关键词也方便以后的复习。当然找关键词切不可随意，如果一篇文章全部是关键词就等于没有了关键词。

自我提问并且回答

阅读文章之前，应该问自己想要了解哪些问题，带着问题去阅读，比如事件的时间、地点、人物、起因、经过和结果等，在阅读时找到这些提问的答案。

图示

用图形的方式描述书中的内容。把书中的内容绘制成思维导图等其他图像，帮助理解信息脉络，用箭头和连线把信息之间的逻辑关系一目了然地画出来。

制作复习卡片

将要复习的重要知识点制作成页码卡片（哪一个知识点在哪一个页码上的卡片）方便查询和复习。

第八节　应用记忆术和竞技记忆术的区别

我们在电视上看到大量的扑克、数字、二进制记忆表演的原理很简单，就是将图像编码安置在地点上，一个人的地点容量越大，他能快速承载的记忆负重就越大，每个人的天赋不同，遗忘的门槛也不同。

然而竞技记忆的致命缺陷有三点：

致命伤之一：比赛中需要记忆的数字扑克编码是很有限的，这意味着如果将扑克换成三国杀的扑克这个表演就会失败，因为需要重新编码和熟悉编码的过程，而这个过程就不是几分钟可以搞定的了。

致命伤之二：竞技记忆不需要理解，所有联结都会用事先设置好的动作固定好，追求极限速度，以表演为目的，这样就是为何很多孩子学完扑克、数字表演记忆之后看到整面文字的记忆会无从下手，因为失去了固定的套路，全部是新的编码。新编码需要整合人生经验，重新创造联结，而应用记忆更依赖创造能力，同时要侧重逻辑联想结合信息的能力。所以在任何电视上你看不到任何记忆整面文字的表演，因为变量大了就需要更多时间。

致命伤之三：竞技记忆不涉及逻辑技巧。比如记忆一句话：商品的使用价值是指商品能够满足人们某种需要的属性。想象一个人买了一台电风扇，电风扇的使用价值吹风解暑满足了人们需要的某种属性，那么就可以轻松记忆这句话了，使用竞技的思路选用关键词动作串联没有逻辑技巧的摄入，逻辑技巧摄入的好处就是加强对信息的理解，从整体上去记忆信息。

竞技记忆者每天会耗费大量的时间去记忆扑克和数字（2~5小时），那么必然造成的结果就是他们没有足够的时间去熟悉专业文章的文字编码和各种逻辑形式图像的转换，所以如果一个人想竞技和应用双吃的话，他需要的训练时间实在太大，所以在修炼应用和竞技记忆之间，大多数人只能选择其一。应用型记忆更像一种快餐，随时随地练习和学习，追求立即得到收益；竞技记忆需要军事化的管理和训练，这样才能培养出完美的竞技者。

应用型记忆会处理很多整个板块信息的记忆，那么在记忆习惯中会选择更多的整体性转化图像的思维，而竞技记忆追求的是精确度和少量信息定桩，它们是相反的模式，一个追求扩容式的概念性记忆，一个追求精确少量的极速记忆。

第九节　理解记忆为何有效

理解记忆之所以比机械记忆效果好，是因为记住的信息和头脑中固有的知识形成了密切的联系。

感觉到了的东西，我们不能立刻理解，只有理解了的东西才可以更深刻地感觉它。理解记忆从本质上和相互联系上认识事物。记忆的效率是随着理解程度的提高而提高的，所以经验越丰富、知识越渊博的人理解能力越强。

背诵古诗的时候，一个人背诵古诗的量越多，完成后续古诗的记忆时间就会越短。一个人理解知识的强弱取决于他的知识量，人头脑中的知识结构好比一张网，这张网越密越大，能捕到的鱼就越多。

加强理解记忆的同时，我们也要加强联系事物的能力，平时在书上寻找一串抽象词汇如：商品、发扬、影响、趋势、包容、差别、局限，然后开始下意识地完成联系——商品发扬光大要做广告，看到广告的观众受到影响来买，目前呈现排队抢购的趋势，排队的时候有人踩到对方的脚，包容就是不计较，每个人外表都有差别，受到经济的局限性你想买却拿不出钱。做完联系后尝试回忆。

理解能力和你的知识量有关，将抽象信息和现实中相符合的逻辑画面联系上的能力可以加强理解能力，一个抽象的大道理可以被记忆高手用联系技巧转化成一个歇后语或者比喻，以此方便读者的理解和记忆。

第十节　有利于记忆的一些因素

1. 记忆东西的时候，要尽可能地减少周围的干扰源，比如身处的环境尽量不要有太多的杂音，周围环境越吵闹，记忆的效率就会越低下。

2. 负面情绪也会影响记忆效果，还有消极的自我心理暗示。

3. 睡眠不足、身体疾病等因素会影响记忆效果。可以听一些音乐或者通过深呼吸来调解情绪，然后再记忆文字。

4. 每周进行一定量的运动训练让自己身体更健康，好的身体才有好的记忆力。

5. 大脑喜欢色彩。平时使用有色笔或有色纸，能帮助记忆。色彩会影响大脑的认知和分析能力，因此大人的世界不要总是黑白分明，可以学学孩子，多用五颜六色的东西。

6. 提高记忆力的食物有：含脂肪、蛋白质、胆碱、卵磷脂（卵磷脂存在于每个细胞之中）、钙、镁的食物或一些果蔬，如橘子、玉米、花生、菠萝、菠菜等，以及一些富含蛋白锌类的食物，如牡蛎、核桃、蛋黄、芝麻。

7. 大脑害怕缺水。大脑电解质的运送大多依靠水分。所以身体缺水

记忆宫殿：
一本书快速提升记忆力

的时候，人会头疼、头晕，无法集中注意力。每天至少要喝8杯水，在做决定前或做用脑比较多的工作时，都多喝一点水。

8. 大脑喜欢和身体交流。如果你躺着或靠着什么东西，身体很懒散，大脑就会认为你正在做的事情一点都不重要。思考问题时，我喜欢手里把玩一样东西，或下意识地敲敲桌面，离开椅背坐姿端正，哪怕跷着二郎腿，都会让大脑保持警觉。另外，散步或室内踱步是思考问题的好方式，散步时人的推理能力会提高，并能防止大脑功能减退。

9. 大脑喜欢动。在临床上，一些老人从事脑力或艺术类工作，在晚年还不断工作，这些工作都比较锻炼大脑，老人退休后可以玩玩桥牌或者适度地打麻将，也可以有意识地在晚上回忆一天的经历。

10. 大脑爱听自言自语。自言自语其实是一个人在对大脑说话，它是巩固记忆、修整认识的一个很好的方法。但最好多说积极的话，比如不要说"我怎么老是迟到"，最好说"明天我一定不会迟到"，鼓励自己，增强大脑对这一想法的认知。另外，大脑需要重复，重复的间隔时间越短，记忆的效果越好。

11. 大脑需要氧气。大脑虽然只占人体体重的2%，但耗氧量却达全身耗氧量的25%。充足的氧气可以让大脑快速思考，而缺氧时，人会觉得没干什么活却非常疲惫、情绪善变、困得要命却睡不着，平时可以多去含氧量高的地方做一些休闲运动。

12. 大脑喜欢宽敞的环境。在30平方米的办公室里办公的人，和在10平方米的办公室里办公的人，思维方式是不一样的。大脑更喜欢宽敞的环境，视野开阔首先让人的心理不压抑，情绪好对大脑的思考会产生影响。其次，眼睛看到的东西越多，越能刺激大脑的思维。如果你经常身处狭窄的环境中，就要多去户外走走，解放大脑。

13. 大脑需要休息。成人大脑集中精力最多只有25分钟，所以工作每20~30分钟，应该休息10分钟。